將本書獻給我們的兒子，
丹尼爾和傑克

天氣之書

100個氣象的科學趣聞與關鍵歷史

WEATHER

An Illustrated History:
From Cloud Atlases to Climate Change

安德魯·瑞夫金（Andrew Revkin）、麗莎·麥肯利（Lisa Mechaley） 著

鍾沛君 譯

目錄

前言

過去一百年是一段人類逐漸了解並與地球氣候系統的關係逐步演化的編年史。這個氣候系統中發生了種種獨特的氣候事件，攪亂了一池春水，甚至時有毀滅性後果。綜觀人類歷史，這段關係幾乎一直是單向的。氣候模式一旦改變，不論是冰層、沙漠、海岸線的前進或後退，極端的乾旱、降雨、降雪、風力或高低氣溫的侵襲，人類社群或隨之繁榮，或加以適應，或因而遷徙或消失。但是現在愈來愈多科學團體主張，我們和氣候之間的關係愈來愈朝雙向發展。這種重大的轉變始於農業與其他人類活動在全球的擴散。這些活動大幅改變了地景，在數千年前就改變了天氣模式。雖然未來數十年氣候變遷的速度與程度尚待釐清，但是地球科學家所謂的人類數量與對資源需求的「大加速」（Great Acceleration），從一九五〇年業已開始，伴隨著溫室氣體的累積；這些主要成分為二氧化碳的氣體在陽光下是透明的，卻會吸收某些向外散出的輻射熱能，造成氣溫上升，而地球的大氣與海洋對此已清楚地做出了反應。

完整的氣候編年史可以寫成好幾本書。這將不只是一場探索，而是在漫長並持續的發現之旅中，接觸到嚴肅、令人驚訝，甚至幽默的時刻。本書的目標在於呈現各式各樣標註氣候與人類生活共同演化的事件、洞見以及發明；本書也仿若漫漫時間長河中的一張快照──是我們的世代在這個持續發生的故事裡占據的片刻。至今累積的知識，有些將在未來數十年中被顛覆或重新開機──例如遠古時代認為天氣是神的狂怒或歡欣的表現，但隨著愈來愈理解這個同時具有清楚的模式（氣候）與固有的隨機性（難以預測的所謂天氣）的超凡系統，舊觀念也被取代。如同美國氣象學會（American Meteorological Society）前主席馬歇爾・薛波（J. Marshall Shepherd）喜歡的說法：「氣候是你的個性；天氣是你的心情。」

你將會了解伽利略和富蘭克林這些優秀人物的卓越見解，也會看到沒沒無名但依舊傑出之人的發現，例如最早發明擋風玻璃雨刷的房地產開發商瑪莉・安德森（Mary Anderson）；還有在一九二〇年代發現高海拔高速噴流的日本氣象學家大石和三郎──只不過日本後來將這項發現應用在武器上，在二次世界大戰期間使數千個爆炸性氣球炸彈（風船爆彈）升空，攻擊美國。

全面檢視人類歷史，了解我們對於天氣已經知道了什麼、還不知道什麼的過程中，有一件事是恆久不變的：知識

南加州國民防衛隊（South Carolina Army National Guard）在 2017 年哈維颶風時參與搜救，救援受困於水患中的德州災民。

永遠在演化。透過一個多世紀以來有系統的研究、測量，以及科技的演變，科學家已經超越了某些大氣氣體會困住熱的基本理解，更進一步了解到：若不減少燃燒燃料與森林，降低二氧化碳排放，那麼長達數個世紀的暖化與海平面上升將迫在眉睫。

　　未來好幾個世代裡，人類的生命可能會因科技而與天氣完全隔絕；到時候，出門冒險前先看看天氣很可能會被視為奇怪的行為。但以目前來說，這些元素都是我們環境中的一部分，幾乎每個人每天都會對此加以考慮，或者受到影響。

　　我們很早就決定要完整整理人類在氣候系統的歷史與研究方面的理解，並以此為中心編寫這部編年史。我們回溯數十億年前，歷經那些只有間接證據，或在數千年的地質磨損與斷裂後，證據遭到破壞的時代，有時只能放棄傳統編年史的精準原則——在二十四億年到四億二千三百萬年前的「片刻」尤其明顯。雖然那些早期的里程碑以「西元前」（BCE，「西元」為 Common Era）來標示紀年，但實際上，那些時代當然遠超過人類所能理解的久遠——而且也沒有精準的碳同位素定年或其他直接證據。本書最後一篇是冰河時期結束的時間，這當然也是推測尚未書寫的歷史。透過大多數挑選出來的里程碑，我們試著傳達不連續事件的某種宏觀重要性。舉例來說，針對推翻利比亞一九二二年長時間高溫紀錄的調查，重點並不僅在於到底有多熱，還在於氣象史在精確性上的限制。

　　儘管貫穿這一百則文章的敘事線都圍繞著關鍵的科學見解或破壞性的氣象事件，我們還是收錄了幾則比較有意思的內容——例如天氣在音樂中的角色，以及和某隻土撥鼠有關的傳說——藉此完整捕捉人類與這些元素間豐富的關係。

　　被遺漏的歷史奇聞數量遠遠超過我們挑選出來的，但我們希望這一百篇能拋磚引玉，帶領讀者進一步探索一系列更精彩、更全面的天氣與氣候科學歷史，接觸克里斯多福·伯特（Christopher Burt）、布萊恩·法根（Brian M. Fagan）、詹姆士·羅格·弗萊明（James Rodger Fleming）、伊莉莎白·寇伯特（Elizabeth Kolbert）、史賓賽·渥特（Spencer R. Weart）等作家的學問。當然，現在網路上也可以取得大量的、無價的內容，從美國氣象學會、美國國家氣象局（National Weather Service）、美國太空總署（NASA）這類組織，到天氣與氣候部落格 Weather Underground 和 Realclimate.org，資源應有盡有。

　　編寫本書的過程中，我們有時會借重對於氣候史上某些時刻具有深厚專業知識的朋友與同僚的智慧與文字，邀請他們執筆。這些客座執筆者的姓名縮寫會標註在每篇文章的結尾，細節則列於全書後註。我們邀請了地質學家暨作家霍華·李（Howard Lee）為早期的地球篇撰文，揭開本書序幕。所以，繼續讀下去吧，我們會從大氣層本身的起源開始——這是所謂「天氣」的動態之所以能展開的關鍵媒介。

致謝

本書由來自數十位歷史學家、學者、科學家與機構的傑出學術研究與專業知識所促成，他們追蹤並研究了我們這個物種對於氣候系統的了解與關係。書末的〈參考資料〉會列出本書挑選的每個里程碑分別採用了哪些資料來源，但我們還是想先感謝幾位朋友的投入與寶貴意見。甫自美國物理學學會物理學歷史中心（Center for History of Physics of the American Institute of Physics）主任一職退休的史賓賽·渥特博士，長期幫助我們在人類如何塑造氣候的豐富研究中找到方向。渥特博士的傑作《全球暖化的發現》（*The Discovery of Global Warming*）是我們主要的參考資料，並特別使用了 history. aip.org/climate 網站上的版本。科爾比學院（Colby College）的詹姆士·羅格·弗萊明教授發揮他在氣象史上的深厚知識，非常好心並快速地回答我們的許多問題。關於地球氣候故事的早期章節，則受惠於行星科學院（Planetary Science Institute）的大衛·葛林斯本（David Grinspoon）博士及羅徹斯特大學（University of Rochester）亞當·法蘭克（Adam Frank）博士的審閱。若有任何錯誤，當然純屬我們的責任。

本書也借重將於二〇一九年歡慶百年歷史的美國氣象學會線上檔案館，以及國家氣象局等其他聯邦氣象與氣候相關單位；此外，英國的氣象局也是重要資訊來源。若想了解更多背景資訊，絕佳的起點是 weather. gov/timeline 與 metoffice.gov.uk，以及 nationalacademies.org/climte 所收錄的國家科學院（National Academy of Science）豐富報告。

我們欠史德林（Sterling）出版社太多了，尤其是梅瑞迪斯·海爾（Meredith Hale）精準的編輯眼光，幫助我們避免了許多錯誤，並使主題各異的每篇氣象里程碑文章文體維持一致。史戴西·史丹堡（Stacey Stambough）從我們蒐集到的藝術作品與插圖中，精挑細選出適用的內容，也在我們捉襟見肘時，為我們找出完美貼切的搭配圖片。如果不是史德林出版社前任科學編輯梅蘭妮·梅登（Melanie Madden）在二〇一二年首次接洽後，堅持和我們其中之一（瑞夫金）來回討論，本書更不可能成真！

最後，在我們兩人融合超過三十年的環境報導（瑞夫金）以及環境與科學教育（麥肯利）經驗，首次共同創作一本書的過程裡，僅有一、兩次感受到些微壓力；對此，我們最感謝的對象莫過於彼此。

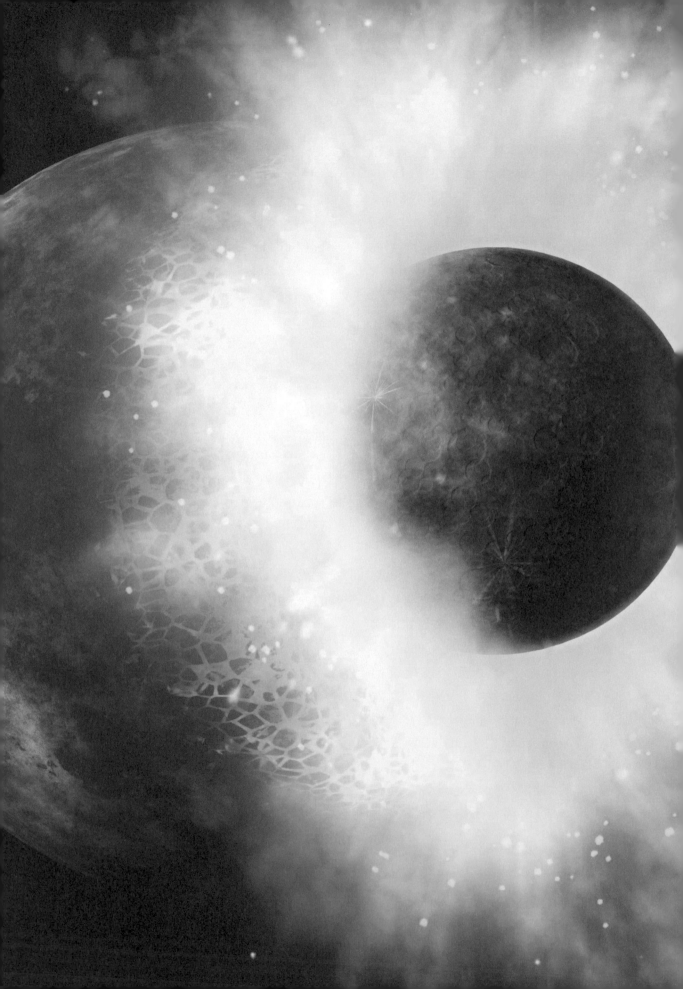

地球出現大氣層

一顆行星要有天氣，就必須有大氣層，所以這部編年史從大氣層的起源開始談相當合理。我們對於大氣層所知甚少，只能從太陽系形成初期的科學證據中抽絲剝繭，包括：比較地球和一般推測形成地球的隕石之間的化學成分差異、人類對其他遙遠太陽系的觀察，以及根據物理法則，以電腦模擬重現看似我們太陽系的真實歷史。

這一切告訴我們，四十五億六千七百萬年前，地球開始在一團緩慢旋轉、由具放射性的塵埃與氣體組成的雲霧中成形，這團雲霧橫幅將近一光年（相當於十兆公里）。當這團雲霧因本身重力而崩塌，便形成了太陽以及環繞著它的旋轉圓盤，也就是所謂的太陽星雲（solar nebula）。幾千萬年後，圓盤中的塵埃粒子凝集在一起，重力使這些凝集的團塊生成為行星、小行星、彗星與太陽。長久以來的看法認為，地球周遭的太陽星雲內的氣體，因為受重力拉入，因而形成了地球最早的大氣層。但是最近科學家得到結論，認為大部分行星最初的大氣層都是從內而外散發的——誕生自外來的撞擊物質產生的高溫高壓熔爐。在前一億四千萬年裡，小行星的轟炸經常會轟散一部分正在成形中的大氣層，這些撞擊帶來的能量會造成融解的岩石氣體外洩，增加二氧化碳、一氧化碳、蒸汽，以及二氧化硫。

重要的重新改造發生在約四十五億年前。一顆（某些研究認為可能是很多顆）較小行星的猛烈撞擊，使地球大氣層變成灼熱的岩石蒸汽，形成了一圈環繞地球的蒸汽圓盤。當蒸汽冷卻時，最早的大氣層不是以熔解的岩石型態如雨般落下，就是在太空中集結成我們的月亮，而大部分地球最早的大氣層（也許是全部），似乎被吹到了太空裡。

——H.L.

另可參考

- 西元前 29 億年〈粉紅色天空與冰〉p.5
- 西元 10 萬 2,018 年〈冰河時期的結束？〉p.199

地球最早的大氣層的形成與重新改造，發生在類似這位藝術家設想並描繪的劇烈衝擊之中；約四十五億年前的這一場撞擊中，可能也創造出了地球的衛星。

水世界

獲得衛星的代價，不只是失去地球最早的大氣層，還有大部分的水，甚至我們一般認為不會輕易汽化的元素，例如鉛和鋅。乾燥、荒蕪、被滾燙的岩漿圍繞的地球，經歷了宛如煉獄般的光陰，正符合地質學家為這段最古老時期取的名字：冥古宙（Hadean eon），原文的 Hades 指的就是古希臘的地獄之神黑帝斯。

然而，到了距今四十三億年前，地球表面似乎已經有了豐富的液態水。這是根據地球上最早的礦物——從澳大利亞的傑克山丘（Jack Hills）採集到的微小、帶紫色，而且驚人耐久的鋯石結晶——進行氧同位素的精準定年與測量所得知的。

地質學家提醒我們，地質時間（deep time）的時間很長，從形成月亮的重大撞擊到海洋形成的這段時間也非常漫長。科學家認為這段期間發生了這樣的事：岩石蒸汽大氣層只花了幾年就冷卻，而全球的岩漿海大約在十五萬年後形成固態。隨著岩漿凝固，二氧化碳、蒸汽、氮和硫大量散逸，多到足以產生一個蒸汽型態的大氣層。一旦岩漿海形成堅硬的地殼後，冷卻的蒸汽即形成雨水，下了一場約一百萬年的雨。

全球各地的火山噴發熔岩和蒸汽般的空氣中的二氧化碳產生反應。隨著一層又一層、一道又一道的熔岩湧現，愈來愈多二氧化碳被掩埋在凝結的硬殼中。一段時間後，困住熱度的溫室效應逐漸消失。大約在四十三億年前，這一切的最終結果就是一個水世界——有著對生命有益的氣候，以及廣大的全球海洋，比現代的海洋水量還多二六％，海上散落著火山島（當時還沒有大陸出現），以及撞擊後留下的巨大火山口邊緣。在這個更涼爽的新世界裡，天氣和現在並沒有劇烈的差異。

—— H.L.

另可參考

- 西元前 3,400 萬年〈冷卻萬物的南極洋〉p.17
- 2007 年〈追蹤海洋的氣候角色〉p.183

李的這張插圖展現了廣大的海洋以及散布的火山島嶼，這是四十三億年前地球的特色。

粉紅色天空與冰

在 地球發展的過程裡，生命出現的時間出奇的早，可能早在四十一億年前，可以肯定的則是在三十七億年前。然而，大約過了十億年後，生命才會改變氣候。

最早的生命形式都是微生物。一旦有些微生物開始從氫和二氧化碳中提取能量，便會使大氣層中的這些氣體減少──牠們減少溫室氣體的程度，足以在二十九億年前誘發我們所知的、地球最早的冰河時期。

隨著甲烷量上升，天空出現了一層薄霧，有時甚至是粉紅色的。在高度較高的大氣層裡，來自太陽的紫外線會分裂甲烷分子，釋放出輕得足以洩漏到太空中的氫。因為水是由氫和氧組成的（H_2O，一氧化二氫），所以失去氫就像是失去水，於是，海洋中的水量便慢慢減少了。

還好地球水分減少的時間沒有太長。被稱為藍綠菌（cyanobacteria）的新微生物在大約二十七億年前演化出光能合成這種新把戲，從二氧化碳和水中取得糖分。氧就是這種新版本光合作用的副產品（較早期的光合作用沒有這項元素）。氧氣是極具反應性的氣體，所以它慢慢地氧化了海水中的岩石和化學物質。隨著空氣中的氧氣濃度增加，氧

和甲烷開始進行化學反應，產生二氧化碳和水，避免了氫的流失，也拯救了地球的海洋免於逐漸外洩到太空。

隨著氧氣量增加，大氣層也在以甲烷為主的粉紅色與以二氧化碳為主的藍色之間游移變換。在此同時，地球最早的單一大陸塊，凱諾蘭大陸（Kenorland）上面的山也遭受侵蝕和化學風化，減少了大氣中二氧化碳的含量。（所謂的化學風化，指的是大氣中的碳形成雨裡的弱碳酸，緩慢溶解岩石，最終導致下游海水中形成石灰岩。）地球兩大溫室氣體含量的下滑，促成了地球歷史上四個顯著的「雪團地球」（Snowball Earth）時期──也就是這顆行星的表面幾乎全部或完全結凍的時期，以及更溫和的氣候──時間約是二十五億到二十二億年前，直到火山重新恢復二氧化碳含量為止。

──H.L.

另可參考

- 西元前 45 億 6,700 萬年〈地球出現大氣層〉p.1
- 西元前 24 億年到 4 億 2,300 萬年〈通往火焰的冰之路〉p.9
- 2007 年〈追蹤海洋的氣候角色〉p.183

史前凱諾蘭大陸的海洋景觀可維持基本的生命形態，包括簡單的單細胞有機體，以及例如由藍綠菌這種微生物形成的毯狀生物薄膜。

最早的雨滴生痕化石

散落在南非岩石上的碩大凹洞，是二十七億年前一場陣雨在剛爆發的火山灰上留下的清楚雨滴印痕。這些雨滴印痕和現代的雨滴毫無二致。類似的雨滴印痕也出現在有二十三億年歷史的澳大利亞潮灘上，以及其他無數個橫跨了地質時間的例子中。和當時的沉積物比較後的結果暗示著，當時水在河流、湖泊、海洋中流動，就像現在一樣。

但這應該是不可能的。

當時的太陽只有現在八〇％的亮度，應該無法讓地球溫暖到脫離結凍狀態。這顆行星應該從南極到北極都凍得硬梆梆的。科學家推論，要溫暖到足以下雨的程度，那時的地球必定有比現在更厚實許多的大氣層，並且是由能保存熱能的溫室氣體所組成。然而，重現相同雨滴凹陷的實驗以及古老熔岩的泡泡測量結果都暗示著，早期的大氣壓力可能比現在還低。

儘管大氣壓力中等，卻發生了出乎意料的提早暖化，這種現象被稱為弱陽弔詭（Faint Young Sun Paradox）。雖然稀薄的大氣層和全球性的海洋也幫了忙，使地球能吸收更多陽光，但是空氣裡必定也存在著大量的溫室氣體，才能夠保留那樣的熱能。可能有更多的火山二氧化碳從更年輕、更熱的地函中噴發出來，而小型陸地透過風化所留存的二氧化碳可能比現在更少。大量的日焰——從年輕的太陽表面噴發出來的強烈輻射——可能形成了溫室氣體氧化亞氮，或是當時氮和氫的碰撞產生了新的溫室氣體。稀薄的雲和更強的潮汐也可能帶來額外的溫暖。

有些科學家甚至認為，弱陽的力量也許會因為它比現在大五％的體積而有所增強。（太陽風、日冕物質拋射與核融合使得它從那時開始縮小。）這有助於解釋地球和更遙遠的火星同時出現液態水的巧合。問題是，如果那些可能性都是真的，那麼地球那時可能已經過熱了。有些大問題會持續下去。

—— H.L.

另可參考

- 西元前 1,000 萬年〈青藏高原的隆起與亞洲雨季〉p.19
- 1088 年〈沈括寫氣候變遷〉p.35

非洲一隻狐獴坐在布滿二十七億年前雨滴印痕的岩石上。

通往火焰的冰之路

儘管當時是年輕的弱陽，在大氣含氧量上升後，地球的氣候在「無聊的十億年」裡，大部分時間依舊維持在零度以上。然而，當時的氧氣含量和現代空氣中的含氧量相比，只是滄海一粟，而且幾乎不存在於海水當中。透過追溯行光合作用的藻類以及以氧為食的變形蟲與濾食性生物的演化，科學家得知，地球的含氧量大約在八千萬年前才終於上升到現代濃度的一半。

由於這些複雜的生命形式比牠們的微生物對手大很多，所以殘骸會在遭細菌吞噬前沉入較深的海底，並將碳和磷這類養分帶到深水裡。這樣一來，深水處也出現了生物對氧氣的需求，使得氧氣首次在淺海床上更容易取得，海綿這類有機體便能在這裡生存。

海綿過濾以藍綠菌為主的海水，使陽光得以穿透，促進了產生氧氣的藻類崛起。之後，隨著水母和浮游動物的出現，與碳和氧有關的化學循環也被推入更深的水底。每一個演化階段都促使含碳量豐富的生物殘骸沉得更深，更有效地移除大氣中的二氧化碳，並把它鎖在深海與沉積物當中──這個過程被稱為生物碳幫浦（biological carbon pump）。

生命降低了溫室氣體的含量，加速了赤道島嶼的侵蝕與岩石風化，甚至還可能導致地衣蔓生到陸地上，引發從七億一千七百萬年前開始的兩次災難性雪團地球周期，以及後續短暫的冰河時期。這顆行星大部分的地方都被冰封了幾千萬年，只有接近赤道的地區相對來說沒有被冰封。想一想當時的世界和現在有多麼不同：西伯利亞和南極洲那時都接近赤道，是地球上最溫暖的地方之一。

直到植物在四億七千萬年前左右開始占領陸地以前，大氣中的含氧量都遠低於現代含量。到了四億二千三百萬年前，含氧量已經上升到足以支撐最早的火，在英國的岩石上留下木炭的痕跡。

—— H.L.

另可參考

- 西元前 5,000 年〈農業暖化氣候〉p.29
- 1912 年〈軌道與冰河時期〉p.123

電腦繪圖呈現了地球約五億九千萬年前凍結在冰雪中的模樣，因為板塊運動，當時每塊大陸的位置都與現在不同。

致命的熱與「大死亡」

隨著含氧量增加，生命形式也愈來愈大、愈來愈有活力。演化的躍進和幾次大規模的滅絕，主要都是由大型火成岩區域（Large Igneous Provinces）內活躍的火山爆發所導致的。火山爆發散發出來的巨量溫室氣體使得氣候暖化、海洋酸化，還經常導致海洋大規模缺氧，形成死亡區域。

二疊紀大滅絕（Permian Mass Extinction），也被稱為「大死亡」，是這顆行星最接近完全失去複雜生命形式的時刻。在大災難之前，有一大群爬蟲類在盤古大陸（Pangea）這塊從南極橫跨到北極圈的超級大陸板塊上漫遊。南方的陸地上覆蓋著冰，周圍則有針葉樹林環繞。由於水氣幾乎無法到達廣大陸地的內部，所以歐洲與美洲的部分地區都有沙丘飄移。然而，涼爽氣候的出現造成了劇烈的轉變。最早的事件發生在二億六千二百萬年前，由位於現今中國的火山爆發所引起。但是真正導致大死亡的致命熱度，是在二億五千二百萬年前來襲的：當時西伯利亞岩漿爆發，延續千年之久，使與歐洲相等的面積掩埋在厚達三公里的玄武岩和灰燼之下。

酸霧環繞著這顆行星，硫如滔天巨浪湧入平流層，在高度腐蝕性酸雨降下之前引發了短暫的火山冬天。溫室氣體瀰漫大氣層，多到足以提高全球溫度達攝氏十度，赤道地區變得致命炎熱，二氧化碳溶解在海水中，使海水酸化，並極度缺氧到連在海床挖洞的蠕蟲都消失了。

此外，化石燃料的燃燒使得氣候變遷更加惡化，彷彿是今日情景的預演。不斷獲得噴發支援的岩漿點燃了煤礦和石油礦床，釋放出甲烷和二氧化碳，將飛散的灰燼散布到成千上萬公里遠的下風處。高達九〇％的海洋生命與七五％的陸地生命都在不到六萬年（地質時間的一眨眼）內滅絕，直到數百萬年後才恢復生物多樣性。

—— H.L.

另可參考

- 西元前 6,600 萬年〈恐龍的終結，哺乳類的興起〉p.13
- 2017 年〈礁岩之熱〉p.197

2016 年夏威夷基勞厄亞火山（Kiluea Volcano）的爆發顯示，現今的火山活動程度和過去塑造氣候、持續且廣泛的噴發相比，只是小巫見大巫罷了。

恐龍的終結，哺乳類的興起

早在恐龍消失前，改變已經一觸即發。白堊紀（Cretaceous）是在中生代結束後為期七千九百萬年的地質年代，而白堊紀晚期的氣候已經冷卻到能在南極洲形成小型冰層的程度。開花食物已經大幅改變植被，哺乳類動物數量激增，恐龍已經開始衰退。

接著，由於印度火山爆發，大幅增加二氧化碳的排放量，全球氣候突然暖化（南極洲上升了攝氏七·八度）——類似二疊紀大滅絕的背後原因，但規模比較小。陸地與海洋的生存條件惡化長達十五萬年，物種開始滅亡。

倒楣的是，就在六千六百零二萬一千年前，有一顆小行星撞上了地球，落在墨西哥一個叫做希克蘇魯伯（Chicxulub）的地方。

那是對恐龍和許多其他物種的最後致命一擊。多年來科學家都認為，這些動物的死因是炙熱的原子塵加上大量塵土遮蔽天空，造成了延續數年的全球冬季。近期的研究則懷疑炙熱原子塵對全球可能造成的傷害，並且提出了根本沒有全球大火的證據。這次的衝擊可能沒有使海水酸化，任何因「衝擊造成的冬季」也沒有使海洋生物滅絕——可能只維持了幾年，因為蕨類孢子仍然繼續發芽生長。然而，焚燒石油礦床形成的高海拔煤灰可能導致了冷卻與乾旱。

但是，就算來自小行星的撞擊本身並沒有造成全球生命終結，準確的岩石定年也暗示著，小行星撞擊的衝擊波引發了印度火山重新爆發，而且規模極大，突如其來地造成氣候再度暖化、海洋酸化。

不論這些生命如何滅絕，最終，這片土地都被蕨類主宰了一千年。沒有恐龍（除了鳥類）存活下來。哺乳類動物一開始也大受打擊，但在幾十萬年間興盛與繁殖。哺乳類的時代，也就是新生代（Cenozoic）時期，從那時起火力全開，持續至今。

——H.L.

另可參考

- 西元前 45 億 6,700 萬年〈地球出現大氣層〉p.1
- 2017 年〈礁岩之熱〉p.197

藝術家根據想像所繪在墨西哥猶卡坦（Yucatan）造成希克蘇魯伯隕石坑的衝擊圖，這次衝擊可能在六千六百萬年前造成了地球上七〇％的物種滅絕。隕石坑寬約一八〇公里，是由一顆核心約十到二十公里寬的小行星或慧星撞擊造成。

狂熱的始新世

約五千六百萬年前，創造出大西洋的地殼構造力量開始將格陵蘭從斯堪地那維亞半島分裂出來。這個裂口恰好正是與現今冰島火山源頭相同的地函危險區。

從地底湧出的岩漿就像巨大的挫傷，悶烤著挪威與愛爾蘭海域富含石油的沉積物，再透過數千個海底火山口，將甲烷噴射到空氣中。北大西洋當時一定像個熱澡盆那樣不停冒著泡泡。

甲烷是強大的溫室氣體，十年後會轉換成另一種溫室氣體：二氧化碳。結果呢？全球溫度上升了攝氏五度，約比現在熱十八度。此外，在三、四千年的時間裡，二氧化碳上升到目前含量的三到四倍左右。由於上升速度很慢，得以避免嚴重的大規模滅絕，但是某些海洋生物與二〇％的陸生植物依舊因而死亡，哺乳類則演化出更小的體型，遷徙到大陸各地。這次「古新世－始新世氣候最暖期」（Paleocene-Eocene Thermal Maximum，PETM）事件，使得氣候熱到足以讓鱷魚和類似河馬的生物在距離北極只有八〇四．六公里的地方快樂生活，而像棕櫚樹這類的熱帶植物，也得以在北極圈和沒有冰的南極洲茂盛生長。

氣候維持了幾百萬年的炎熱，重複經歷了好幾回合的高溫，也就是所謂的超高溫（hyperthermal），部分是受到地球繞著太陽公轉時規律的晃動所控制，部分是因岩漿重新噴發造成沉積物加溫，散逸出新的甲烷所導致。陸地景觀會隨著這些氣候周期的節奏而變動，所以像是懷俄明州就會交替出現乾燥的鹽盆地以及有森林環繞的湖泊。

科學家估計，在 PETM 期間散逸到空氣中的二氧化碳，分量相當於燃燒人類保有的全部化石燃料。但是到目前為止，人類活動排放二氧化碳的速度已經遠遠超過了 PETM 期間的速度，促使科學家預測，若不降低排放量，將對生態造成更嚴峻的破壞。

—— H.L.

另可參考
- 1816 年〈一場爆發、饑荒與怪物〉p.71

插圖為裂齒目的 Trogosus。這是一種已絕種的哺乳類動物，有齧齒類的牙齒，發現於懷俄明州的始新世時期（西元前四千八百萬到三千八百萬年）。

冷卻萬物的南極洋

只要有岩石和天空，就存在著一種脆弱的平衡：世界上的火山製造出來的二氧化碳，以及從空氣中移除這些聚熱的二氧化碳——經由各種岩石與其產生的化學作用，也就是所謂的風化。火山主宰世界時，氣候較為溫暖；風化主宰世界時，氣候較為涼爽。當地球的地殼構造出現變化，形成大型的大陸山脈時，侵蝕與岩石的風化會傾向緩慢地冷卻萬物。

當印度在約五千萬年前慢慢地和亞洲相撞時，喜馬拉雅山脈便開始隆起了。美洲和歐洲那些開始隆起的山脈也增加了侵蝕和岩石風化的情形，為氣候走向更涼爽之路推了一把。但是，如果不是因為地球海洋的重新排列，世界可能永遠都不會經歷早期人類祖先得以演化的冰河時期。

在整個恐龍時期，南美洲和澳洲都和南極洲相連，迫使海流以迂迴的路徑沿著大陸流動。然而，大陸之間的相連終於在三千四百萬年前被打破了，使得廣大開放的南極洋海水得以在南極洲周圍流動，形成繞南極流（Antarctic Circumpolar Current）。這樣的改變使得全球海洋環流重新安排，海中養分大量增加，擴大了深海中的二氧化碳儲存量。

二氧化碳含量和全球溫度都急遽下降。到了三千二百八十萬年前，空氣中的二氧化碳濃度已經降到百萬分之六百（600 ppm），使得南極洲的冰層擴大到海上，氣候持續變冷。

當北美洲和南美洲在二百八十萬年前以巴拿馬地峽（Isthmus of Panama）重新相連時，這股趨勢更受到強化，為更新世的冰河時期引路。聚熱的二氧化碳濃度降到百萬分之三百，北半球的冰向前推進，覆蓋了格陵蘭、大部分的北美洲、斯堪地那維亞半島與西伯利亞。這些冰層在一百個冷／熱周期之間變動，速度根據地球的方向和公轉變化而定，直到工業時期才有改變。

—— H.L.

另可參考

- 1100 年〈中世紀的溫暖到小冰河期〉p.37
- 2007 年〈追蹤海洋的氣候角色〉p.183

隨著能冷卻地球並有助於冰層擴大的南極洋全球開放環流的出現，澳洲和南美洲在三千四百萬年前開始從南極洲分裂出來。

青藏高原的隆起與亞洲雨季

世界上很多地方每到夏季，就會有水氣豐沛的風從海洋吹到陸地上，帶來賦予生命的長時間降雨。這種現象稱為季風（monsoon），這個字來自葡萄牙文的monção，源頭則是阿拉伯文的「季節」（mawsim）。在熱帶地區，季風的降雨對於人類群體和適應這個循環的生態系統至關重要。地球上沒有一個地方比印度和鄰近的南亞國家更需要這種季風的循環，此地有超過十億人仰賴這些雨水生存。降雨的時機或模式若是改變，很可能導致嚴重的水患或乾旱，造成饑荒。

季風的長期演化一直都受到大氣中二氧化碳含量的控制，隨著二氧化碳含量在三千五百萬到四千萬年前逐漸下滑，季風強度也隨之衰減。但是在這段時間內，由於印度次大陸和亞洲緩慢相撞，青藏高原隆起約四千公尺。這片廣大、拔高的平原吸收了夏日陽光的熱，大幅改變了氣候模式，導致陸地上的風增加，印度上空的季雨也更猛烈。

根據布朗大學地質學家史蒂芬·克萊門（Steven C. Clemens）等人的分析，與印度目前的季風相似的季風，很可能是在一千二百萬到一千萬年前演化出來的。

以更小的時間範圍來看，季風強度偶爾會突然減弱，這與北美洲和格陵蘭在上次冰河時期裡特定時間點的冰層融化節奏相符；上次冰河時期於一萬一千七百年前結束。當大量的淡水 —— 濃度比海水淡 —— 流入高緯度的北大西洋時，將減緩帶著溫暖熱帶海水往北的洋流速度。這些事件造成的氣象衝擊，首先會在歐洲與亞洲擴散，再經由西風進入季風地區。目前已經開始評估當今二氧化碳含量上升會造成的影響，以及未來北大西洋對印度與亞洲季風系統的強化。

另可參考

- 西元前 9,700 年〈肥沃月彎〉p.25
- 2007 年〈追蹤海洋的氣候角色〉p.183

2008 年 1 月，一名女性走在印度新德里因季雨而淹水的街道上。

氣候傾向推進人口成長

關於現代人類這個物種，是如何、又從何時開始，從非洲的誕生地散布到世界各地，至今尚有許多未解的謎團。長久以來延續到近期的觀念是，大約六萬年前出現了一波遷徙潮，使人類在各大陸開枝散葉。

研究者假定，人口的散播出現在一段茂盛的間隔期，當時生存條件嚴峻的北非和阿拉伯地區沙漠中出現了一條芳草蔥蔥的廊道。二〇一六年九月的《自然》（Nature）期刊刊登了位於馬諾亞（Manoa）的夏威夷大學研究，研究人員根據上述假設，將大遷徙的時間回溯數萬年到接近西元前十萬年左右。科學家根據該區域氣候與生態系統的電腦模型，主張人類是分成四波離開非洲的：第一波發生在十萬六千年前到九萬四千年前，第二波是八萬九千年前到七萬三千年前，第三波是五萬九千年前到四萬七千年前，最後一波則是四萬五千年前到二萬九千年前。

配合這段人類大遷徙的脈動，同一期的《自然》也刊登了三項各自獨立、比對世界各地 DNA 的研究，再度確認了現代人類都源自相同血脈，並於六萬五千年前到五萬五千年前左右才開始分支。

有意思的是，新的史前氣候證據顯示，這段時期並非潮溼時期。二〇一七年底，亞利桑那大學的潔西卡・堤爾尼（Jessica Tierney）與保羅・桑德（Paul Zander），以及哥倫比亞大學的彼得・德曼諾可（Peter deMenocal）檢視了更多詳細的氣候線索，發現大約六萬年前有一段氣候特別乾燥與寒涼的時期，恰巧符合 DNA 研究提出的遷徙時間。這項證據顯示，早期的人類並不是因為溼潤的氣候條件而離開非洲，反而可能是因為乾旱而被迫離開。這個故事必定會繼續演化，因為新的氣候、考古學與基因證據將持續浮現。

另可參考

- 西元前 5,300 年〈北非乾旱與法老崛起〉p.27
- 1840 年〈揭露冰河時期〉p.77

約於西元前六千年刻在撒哈拉沙漠中央岩石表面的兩隻長頸鹿。根據近期研究，大約從十萬年前開始的較潮溼氣候傾向，將北非與阿拉伯半島轉變為繁榮的生態系統，創造出某種遷徙的「閥門」，推動人類離開非洲，走上前往歐亞大陸的道路。

超級乾旱

一九六〇年，杜克大學的科學家將沉積物核心探測管插入了非洲維多利亞湖（Lake Victoria）淺彎處湖底的軟質泥狀土壤。這座湖是全世界最大的熱帶湖，養活超過二千萬人，從烏干達、肯亞到坦尚尼亞的沿岸居民，都在此捕魚維生。研究人員驚訝地發現，他們從土壤核心取樣的設備被一層高密度的灰黏土擋住了，但這類土質只有在開放空間才會形成。之後的研究在湖底更深處找到了乾燥層，確認大約在西元前一萬五千到一萬四千年前，也就是最後一次冰河期的末期，有大量的水在長達一世紀的大規模乾旱中消失了。

維多利亞湖的乾燥之所以令人驚訝，原因有好幾個。這座湖裡有數百種世界其他地方都找不到的魚類，這代表牠們一定是在那次嚴重乾旱後，以爆炸性的速度演化出來的。更令人驚訝的則是當時那場乾旱本身的規模。當維多利亞湖消失，尼羅河的另一個重要源頭，衣索比亞的塔納湖（Lake Tana）也一樣消失了，全世界最長的河流也必然隨著這兩座湖一同乾涸。這場乾旱也使得其他在熱帶非洲以及約旦峽谷的湖泊縮小。同樣地，分層的洞穴沉積物記錄了南亞的季風有減弱的現象。遺傳學家則發現，這段時期的印度曾發生人口大幅下降的跡象。

關於來自北非遺址的證據，早期的解釋主張，雨水帶只是往南移了而已。然而，位於更南方的非洲地區卻表現出相反的情況。現在支撐超過半數以上人類的整個亞非季風系統，曾經在現代人類解剖史中一場範圍最廣、造成大災難的熱帶乾旱裡崩解。不幸的是，我們還不確定那場乾旱為什麼會發生。

這場超級乾旱與大冰原瓦解的漂冰碎屑事件（Heinrich event）同時發生，但還不清楚冰原瓦解究竟是乾旱的成因，或僅是伴隨發生的事件而已。之後其他的湖泊研究也顯示，非洲其他地方亦曾出現這種令人不安的乾旱模式。二〇〇九年從迦納一座火口湖取得的核心土壤顯示，在現今這片大陸的人口稠密區，過去數千年曾經重複發生極端的乾旱。

—— C. S.

另可參考
- 1903 年〈乾燥的發現〉p.119
- 1935 年〈塵暴區〉p.131

2013 年「大地」（Terra）人造衛星拍攝的維多利亞湖，這是非洲最大的湖，養活超過三千五百萬人。這座湖在約一萬七千年前完全乾涸。

肥沃月彎

隨著最近一次冰河期在一萬一千七百年前（約西元前九千七百年）結束，地質年代裡的全新世（Holocene Epoch）也開始了，為以下轉變架好了舞臺：人類逐漸住在穩定的聚落，漸漸增加對農業的依賴。氣候條件的改變使得人類從阿拉伯半島往北遷徙，尋找更穩定的水源。底格里斯河（Tigris）和幼發拉底河（Euphrates）彼此平行，蜿蜒數百英里，形成一個特別肥沃的區域。從尼羅河到約旦進入以色列的範圍，加上這兩條河的沿岸地區，最後被歷史學家稱為「肥沃月彎」（Fertile Crescent）。有些最早的城市就在這個區域出現，帶來了書寫文字、科學以及有組織的宗教。繁榮發展的王國在兩河之間，稱為「美索不達米亞」（Mesopotamia）的地區興起，「美索不達米亞」就是「兩河流域」的意思。

日後成為新石器時代早期農業的「基礎農作物」（founder crops）都源自這個區域的野生植物，包括二粒小麥、大麥、亞麻、雞豆、扁豆等；家畜中最重要的四種動物也源於此地：乳牛、山羊、綿羊、豬。對於人類進步扮演關鍵角色的發明同樣源於此地，包括玻璃、輪子與灌溉。

「肥沃月彎」一詞在二十世紀早期的教科書中隨處可見，作者是芝加哥大學的考古學家詹姆士·亨利·布雷斯德（James Henry Breasted，1865-1935）。在一九一九年出版的《調查古代世界》（*Survey of the Ancient World*）一書中，布雷斯德描述了這個區域的氣候與地理環境的吸引力——以及通常因而引發的衝突：「西亞的歷史可以描述為一部漫長的爭鬥史，是北方山區的居民與沙漠裡綠地的游牧民族爭相掌握肥沃月彎，而且至今尚未平息的故事。」

確實，一個世紀後，這個區域的緊張情勢依舊未歇。即將耗盡水源與農產的水壩、日漸稀少的地下水，以及可能因為氣候變遷而惡化的乾旱，使得此區本來就因為文化或意識形態的衝擊而四分五裂的各個群體間，衝突愈演愈烈。

另可參考

- 西元前 10 萬年〈氣候傾向推進人口成長〉p.21
- 西元前 5,000 年〈農業暖化氣候〉p.29

埃及工匠山納迪姆（Sennedjem）的墳墓壁畫描繪了他在埃及工匠村（Deirel-Medina）耕田的景象，這裡是早期農業發展的重鎮。

北非乾旱與法老崛起

北非在大約西元前八千五百年到五千三百年達到潮溼的高峰，游牧的獵人／採集者和畜牧的群體，都被吸引到了有許多湖泊以及長頸鹿、羚羊、大象可自由吃草生活的肥沃無樹平原上。現今主要是一片沙漠的地方，曾有河馬在泥巴河裡打滾。分散的漁獵群體與愈來愈多農業聚落紛紛在這個區域裡出現。

歷史學家羅蘭・奧利佛（Roland Oliver，1923-2014）一九九九年出版的《非洲經驗：從奧度威峽谷到二十一世紀》（*The African Experience: From Olduvai Gorge to the 21st Century*）一書中，描述了撒哈拉沙漠中央的高地過去如何受到濃密森林的覆蓋，那裡有橡樹、胡桃樹、菩提樹、榆樹，較低的斜坡上則有橄欖樹、松樹、杜松，周邊還有綠草，沿著山谷蜿蜒的河流裡也滿是魚類。

為了確認這種鬱鬱蔥蔥的情況，二〇一四年，包括美國太空總署艾姆斯研究中心（Ames Research Center）科學家克里斯多弗・麥凱（Christopher McKay）在內的一個研究小組，在地球上探訪了許多類似火星的環境，並於現今撒哈拉沙漠最乾旱之處發現了存在於八千一百年到九千四百年前的湖泊周邊的礦物沉積。這個地點位在埃及西南部，接近某些專家認為的、描繪人們在游泳的重要岩石藝術所在地。

該區域在西元前五千三百年到三千五百年發生逐漸乾涸的情況，愈來愈多人搬到尼羅河沿岸居住，於是出現了該區域最早的農田。大約從那時候起，法老的時代便沿著尼羅河開始發展，這裡的文明也延續了三千年。哥倫比亞大學科學家二〇一三年的研究發現了強烈的證據，證明北半球與南半球的信風交會處，即間熱帶輻合帶（Intertropical Convergence Zone）的低氣壓帶南移，造成了會讓氣候傾向乾燥、炎熱的條件，此後一直主宰該區至今。地球軌道的輕微移動似乎是這種改變的背後原因。

另可參考

- 西元前 5,000 年〈農業暖化氣候〉p.29
- 1903 年〈乾燥的發現〉p.119
- 2012 年〈平息火熱紛爭〉p.187

埃及西南部發現的洞穴繪畫，時間約為西元前五千年，描繪的是北非氣候在進入現在常態的乾旱前、最後一次的潮溼時期。其中一組在「泳者洞穴」裡的圖畫，似乎描繪多人在一個現在早已消失的水坑或湖裡玩耍的景象。

農業暖化氣候

到了最後一次冰河期尾聲、冰層後退的時候，人類已經占據了南極洲之外的每一片大陸千年之久。此刻，人類發現自己處於溫暖且穩定的氣候裡，有助於定居耕作。到了最後，人類變得依賴農作物為主要食物來源，這個趨勢始於西元前六千年的中東，並在接下來數個世紀裡散播到歐洲、中國等世界其他地方。

隨著人口成長，農業散布，人類開始燒毀森林以清理出耕種的空間。根據威廉・羅迪曼（William Ruddiman，b.1943）與其他人的研究，人類約在西元前五千年這麼做，造成了大氣中無法散熱的二氧化碳以及隨之而來的甲烷（沼氣）增加；在格陵蘭島與南極洲的古老冰河裡、考古學的遺跡裡，以及古老的花粉裡發現的許多由空氣形成的小氣泡，都揭露了這項事實。到了羅馬時代，歐洲一半的森林已經消失。在中國，砍伐森林迫使人們在四〇〇年時必須燒炭取暖。甲烷濃度的上升，與西元前三千年開始自長江流域延伸到亞洲各地的種稻灌溉行為，約略是同時發生的。

在十年的科學辯論後，羅迪曼與其他十一位作者共同提出了一個全面的論述（2016，《地球物理學評論》〔*Reviews of Geophysics*〕），指出人類產生的溫室氣體累積，開始讓氣候恰到好處地暖化，延緩了地球軌道慢慢朝向下一次冰河期出現時必然會發生的冷卻。在之前的二百六十萬年中，這種冷卻已經發生了數百次。

關鍵證據在於，若把西元前五千年開始的二氧化碳濃度的顯著增加，還有其二千年後的甲烷濃度，拿來與先前冰河期之間的溫暖期比較，兩者雖然都是溫暖期，但這些氣體的濃度在冰河期是呈下降的趨勢。

—— H.L.

另可參考
- 1896 年〈煤、二氧化碳與氣候〉p.111
- 1912 年〈軌道與冰河時期〉p.123

梯田是亞洲許多地區常用的耕作技巧。人從數千年前就會這樣清理並照顧農田，並因而累積溫室氣體，阻止了地球本身的長期冷卻趨勢。

亞里斯多德的《天象論》

亞里斯多德（c.384-c.322 BCE）是人類史上數一數二偉大的博學者，他探索令人眼花撩亂的各種主題，從倫理到數學，從植物學到農業，從政治到醫學，從舞蹈到戲劇，無所不包。他遊歷歐洲地中海沿岸各地，對環境動態發展出密切的意識。他整理自己對環境過程的觀察，編寫了一本指標性著作：《天象論》（*Meteorologica*）。

現在的氣象學（meteorology）一字指的是研究天氣的學問，不過亞里斯多德當初討論的範圍更廣，他寫的是「所有我們能稱為空氣與水常見的影響，以及土地的各種類型與各部分，以及其各部分的影響」。

但是，天氣以及塑造它的環境因素曾是主要的焦點。亞里斯多德主張，各地與赤道的距離將地球分成不同的氣候區域，分別有著嚴寒、溫和，以及熾熱的條件。他的專書內也包括了對水文循環最早的描述：

太陽的移動建立了改變以及逐漸走向腐化的過程；透過它的作用，最美好、甜美的水每天被往上帶，消散為蒸汽，上升到更高的地方，再次遇冷凝結，回到大地。

雖然亞里斯多德沒有後世的工具，所以會有像是銀河和慧星位於大氣層裡等許多錯誤的假設，但是一頁又一頁井然有序的描述，解構彩虹與光暈、打雷與閃電、雹與雪，都證明了他對細節的熱切觀察。曾用宙斯的憤怒或風神的慈悲來解釋天氣的時代，開始屈服於分析性的做法。

另可參考

- 西元前 300 年〈中國從神話學到氣象學〉p.33
- 1088 年〈沈括寫氣候變遷〉p.35
- 1870 年〈氣象學變得有用〉p.91

義大利畫家拉斐爾（Raphael）的《雅典學校》（*The School of Athens*，1509）描繪了如《天象論》作者亞里斯多德等希臘知識分子熱烈討論的畫面。

中國從神話學到氣象學

中國有些最古老的文字紀錄提到了天氣的傳說，當時使用的甲骨文可追溯到於西元前一千零五十年結束的商朝晚期。這些由牛骨或烏龜平坦腹甲所製成的物品，有時候會被貞人（商朝時負責占卜與刻辭的官員）用來預言下一個季節的播種建議或暗示。

如同古希臘對地球動態的想法產生了演化，在中國，與天氣有關的神話也開始讓位給較具分析性的方法。中國學者與占卜者開始透過觀察來追蹤季節變化：他們測量正午時分柱子所投射的影子，當影子來到最長時，太陽位於天空中最低的位置，也就是冬至；影子最短的時候，則代表夏至。

到了西元前三百年，中國天文學家已經根據太陽在黃道帶上的位置發展出一套曆法。這套曆法將一年分成二十四個節氣，每一個節氣都與不同的天氣種類有關。曆法使用如大暑、小寒這樣的詞語來描述全年的溫度變化；降雨和收穫的時間也都被標示在曆法中。

中國的漢朝相當於西方曆法上的第一個西元世紀，哲學家王充（27-c.100 CE）根據過去的記載，試圖打破天氣反映上天喜怒的舊觀念。他在經典作品《論衡》中寫了一段文字，優美地描述了水文循環：

> 雨之出山，或謂雲載而行，雲散水墜，名為雨矣（這是正確的）。夫雲則雨，雨則雲矣。初出為雲，雲繁為雨。猶甚而泥露濡汙衣服，若雨之狀。

王充在當代與後世一直為人忽視，直到中國的現代科學在十九、二十世紀崛起後才有改變。

另可參考
- 西元前 350 年〈亞里斯多德的《天象論》〉p.31
- 1088 年〈沈括寫氣候變遷〉p.35

《騰雲踏浪之龍》（*Dragon Amid Clouds and Waves*），絲質掛軸水墨畫，明代（1368-1644）佚名中國藝術家繪。在古代中國，神話與傳說經常影響人對天氣的想法。

沈括寫氣候變遷

有些對於現在與未來氣候的重要見解來自於史前氣候學，也就是專門研究過去保留下來的氣候條件的學問，這類線索可在湖泊或海床分層沉積物、樹的年輪、化石的化學成分、冰河冰所凍結的古代氣泡等大自然倉庫中找到。

這門科學根源於十九世紀的西方，但最早留下文字見解，並有能力從大自然蒐集點滴資訊，判斷特定區域長期氣候改變的，是一位身兼學者、工程師、哲學家與政府官員的中國人：沈括（1031-1095）。

沈括於一〇八八年寫了內容包羅萬象的《夢溪筆談》一書，並在書中提出對龍捲風與彩虹的解釋，也觀察到只是打到牆壁的閃電如何能夠融化家中的金屬物體。他也有生態學的洞察力，比方說，他注意到木材需求的上升將侵蝕森林的資源。

但是，沈括最了不起的地方，也許在於率先觀察到一個地方的氣候並非持續不變。某個城鎮的高聳河堤崩塌時，他以多年前在此地的觀察為基礎，揭露了一個謎團：

> 近歲延州永寧關大河岸崩，入地數十尺，土下得竹筍一林，凡數百莖，根幹相連，悉化為石……延郡素無竹……無乃曠古以前，地卑氣溼而宜竹邪？婺州金華山有松石，又如桃核、蘆根、魚、蟹之類皆有成石者，然皆其地本有之物，不足深怪。此深地中所無，又非本土所有之物，特可異耳。

東西方長久以來都認為，大自然的基本運作雖然有時相當猛烈或戲劇性，但本質上還是不變的；然而，沈括的觀察告訴我們，這種觀點出現了影響深遠的轉變。

另可參考
- 1840 年〈揭露冰河時期〉p.77
- 1841 年〈泥煤沼歷史〉p.79

沈括半身銅像。沈括是宋代的科學家暨政治家，他因為在一個不產竹子的地區看到了竹子化石，便假定長久以來被認為固定不變的氣候，其實可能改變過。

中世紀的溫暖到小冰河期

　　一九六五年，研究過去氣候的先驅學者休伯特・藍柏（Hubert Lamb）率先主張，中世紀時，曾有一段以一一〇〇年為中心，長達數世紀的溫暖期；他也指出了後續氣溫下降的證據，寫道：「從上次冰河期發生以來，一五〇〇年到一七〇〇年之間是最冷的時期。」之後溫度便不再持續降低。

　　數十年的持續研究已經填補了一些空白，但也帶來新的問題，包括溫暖期的範圍、影響的地理範圍，以及後續的冷卻延伸期，即所謂的「小冰河期」。

　　麻州大學的雷蒙・布萊德利（Raymond Bradley）與兩位共同作者在二〇一六年發表一篇論文，提出了不同的思維，假定七二五年到一〇二五年可被稱為「中世紀安靜期」（Medieval Quiet Period），因為這是過去二千年裡唯一沒有太陽變化或大型火山等重大氣候系統變動的時期。其他理論則試圖解釋還有哪些力量共同造成了氣溫朝向降低的方向改變。這段時期也和歐洲發生一系列苦難的時間相符，包括一三一五年到一三一七年的大饑荒，以及一三四七年到一三五一年的黑死病大流行。

　　最近的研究指出，數次猛烈的火山爆發活動期間，曾經出現由粒子形成的冷卻帷幕，很可能就是觸發冷卻期的原因，而極圈的海冰擴張又放大了這種影響。

　　另外愈來愈明顯的是，某些為時甚短的顛覆性天氣，其實只是地球複雜氣候系統的混沌變化性造成的。一四三〇年到一四四〇年似乎就是一個例子。根據二〇一六年《過去的氣候》（*Climates of the Past*）期刊所刊登的一篇論文表示，這段時間特別寒冷，歐洲各地都爆發了饑荒與疾病。作者提出警告：「針對一四三〇年代生存危機的分析顯示，沒有準備好面對負面氣候與環境條件的社會是脆弱的，可能會付出高昂的代價。」

另可參考

- 1814 年〈倫敦最後一次霜雪博覽會〉p.69
- 1840 年〈揭露冰河時期〉p.77
- 1912 年〈軌道與冰河時期〉p.123

《冬季風景：溜冰者及捕鳥器》（*Winter Landscape with a Bird Trap*），法蘭德斯畫家小彼得・布呂赫爾（Pieter Brueghel the Younger，c.1564-c.1638）繪，描繪歐洲歷史上的一段寒冷時期，鎮民在結冰的湖上行走的景象。

帆的時代

好幾千年以前，有一位無名的創新家搭乘木筏或小船在海上漂流，他逆風揚起布，首次利用了風這股善變卻強大的力量，揚帆航行的基本概念就此誕生。

早在三千四百年前，船帆就在尼羅河上留下影子，並有墓穴內的藝術作品加以紀念。透過高明的獨木舟航海技術與難以捉摸的航海線索，玻里尼西亞文明得以在太平洋上星羅棋布的島嶼間擴散。世界上許多最早的強權，從中國到阿拉伯到地中海世界，主要都是因為在海上乘風破浪的能力而崛起。

之後，愈來愈成熟的船身與船具也出現了。一四一四年到一四三三年，中國短暫地展現超乎尋常的海洋力量，派遣超過六十艘的中國式帆船（junk-rigged ship），經東南亞地區前往非洲（根據少數線索，可能還南向進入大西洋）。一艘巨大的、長達一百二十一·九公尺的九桅寶船則是這座艦隊的核心。

相反地，在哥倫布一四九二年那趟航行中，最大的船「聖馬利亞號」（Santa Maria）長度只有三十五公尺。不過當歐洲各國開始向外擴張勢力時，中國的領導者卻轉而向內。一五七一年到一八六二年的西方「大航海時代」裡，則有更大批的船隻航行到世界最遠的海洋。

最大的一次力量與戰略考驗出現在一五八八年，當時由一百三十艘戰艦所組成的西班牙「無敵艦隊」從里斯本出航，計畫拿下英吉利海峽的控制權，並在英國的土地上派出兩萬名士兵。然而，幸運的天氣與遠距大砲讓伊莉莎白女王的戰力占了上風。

到了十九世紀，海上貿易創造出繁榮的經濟與文化全球化趨勢，中國的茶與加州的黃金更為快速帆船的出現推波助瀾。一八六九年開始營運的蘇伊士運河（Suez Canal）成為帶來重大改變的力量，在那之後，理所當然地展開了蒸汽時代。

另可參考
- 1806 年〈蒲福為風力分級〉p.67
- 1887 年〈使風工作〉p.103

英國船艦與西班牙艦隊在這幅一千七百年前的畫中交戰，主題是著名的 1588 年戰役，因天氣的改變，使英格蘭在戰役中得利。

溫度的發明

早在西元一七○年，希臘物理學家暨科學家、別迦摩的蓋倫（Galen of Pergamum，c.130-c.216 CE）就主張定義出溫度的基準，他混合相同分量的滾水和冰，再以刻度區分出相對於這個中間值的四度熱和四度冷。

但是，用一個可量化、一致的方式來測量熱的想法——溫度的發明——在十七世紀初的義大利威尼斯發展得更完整。伽利略・伽利雷（Galileo Galilei，1564-1642）和一群當代人士有志一同想解決這個問題，並打造了一系列全新的設備，稱為驗溫器（thermoscopes），距離現代的溫度計只有一小段距離。

根據萊斯大學（Rice University）榮譽教授范穌惇（Albert Van Helden）的說法，這是大規模「自然的數學化」（mathematization of nature）運動的一部分，范穌惇教授對伽利略的研究分析，可參考「伽利略計畫」（The Galileo Project）網站：galileo.rice.edu。范穌惇描述，最早版本的驗溫器讓使用者能透過水的擴張測量溫度的改變，相當於全新的物品。

他引述了一段寫於一六三八年的文字，作者是與伽利略同一時期的貝內德托・卡斯特利（Benedetto Castelli，1578-1643）。卡斯特利回想一六○三年左右看到伽利略手中拿著驗溫器時的情景：

> 他拿著雞蛋大小的小燒瓶，瓶頸約兩指距長（可能是四十・六公分），粗細近似麥桿；接著他在手中加熱燒瓶，把燒瓶嘴倒過來，放在一個裝了一點點水的容器上。當他把手上的熱源移離燒瓶，水立刻開始在瓶頸中上升，到達超過容器水面一個指距以上的高度。伽利略先生接著利用相同的效應做出了一種儀器，可以檢驗熱與冷的程度。

這種裝置的設計在後來幾年裡由他人加以改良，主要的兩位是桑托里奧・桑托里奧斯（Santorio Santorio，1561-1636）和伽利略的朋友吉安法蘭西斯科・塞古雷多（Gianfrancesco Sagredo，1571-1620）。細長的燒瓶頸上加了數字化的刻度，沒多久後，就開始了最早的氣象溫度觀察。

另可參考
- 1714 年〈華氏標準化溫度〉p.49
- 2012 年〈平息火熱紛爭〉p.187

十八世紀的伽利略油畫像，他是最早提出氣溫應該精準測量的學者之一，並且為了做到這一點測試了許多種方法。

解碼彩虹

人類有史以來，彩虹一直是驚奇、好奇與神話的源頭——是斯堪地那維亞人連接地球到眾神居住的阿斯加（Asgard）的道路；是諾亞在大洪水後建立聖壇，神表示同意的徵兆；是澳洲原住民故事裡蛇形的造物主。

在西方文學裡，亞里斯多德是第一位解釋彩虹本質與成因的人。在他的《天象論》一書中，提出彩虹是太陽光不尋常地反射雨雲內的水滴所造成。這個觀念延續了十七個世紀，直到德國修士——福萊堡的迪崔許（Theodoric of Freiberg，1250-1310）在一三〇四年提出了不同的理論。迪崔許主張，每一個水滴都能製造出一道彩虹。他用稜鏡、銀幕，以及裝了水的球狀燒瓶設計了實驗，判斷光從太陽穿過水滴的路徑，會在人類眼中創造出一道彩虹。

迪崔許的見解並未為人所知，直到勒內・笛卡兒（Rene Descartes，1596-1650）重新發現他的理論才得以面世。笛卡兒是法國數學家暨學者，並被許多人視為現代哲學之父。笛卡兒在一六三七年的重要論文〈氣象學〉（"Les Météores"）中解構了彩虹的物理學，描述光在進入球體狀的水滴時是如何折射，由水滴後方的彎曲表面反射，接著從水滴後方進入空氣時又再次折射。他以迪崔許的球狀燒瓶實驗為基礎，精確計算了陽光從不同點穿過燒瓶的路徑，藉此判斷折射的角度。在這之後，艾薩克・牛頓（Isaac Newton，1643-1727）與其他人也提出了自己的見解，說明不同波長的光，也就是人見到的不同顏色的光，如何混合成為我們眼中的日光。到了更近期，隨著科學家進一步探索彩虹的成因，這個議題又變得更為複雜。舉例來說，較大的雨滴其實不是球體狀，其底部會在落下時因為空氣阻力而變平。高品質的數位相機也捕捉到了其他不尋常的彩虹特徵，顯示還有更多未解之謎。

另可參考

- 西元前 350 年〈亞里斯多德的《天象論》〉p.31
- 1989 年〈電子「精靈」的證據〉p.173

有史以來，人類都將彩虹視為奇蹟與科學奇觀的靈感來源，藝術也受到其啟發。這幅風景畫就是一例：由美國畫家丘奇（Frederic Edwin Church，1826-1900）所繪的《熱帶雨季》（*Rainy Season in the Tropics*）。

大氣的重量

從古希臘時期到伽利略，學者無不假設空氣是沒有重量的。但是當義大利物理學暨數學家埃萬傑利斯塔‧托里切利（Evangelista Torricelli，1608-1647）努力對真空的本質進行實驗，並產生革命性的、涵蓋範圍更大的結論時，這個觀念就出現了變化。

伽利略一直深受底下這個物理謎團的困擾：挖井工人發現，他們不可能從垂直深度超過九公尺的地方，利用虹吸作用汲水。

為了測試這是否與真空有關，另一位來自佛羅倫斯的科學家葛斯帕羅‧伯提（Gasparo Berti）設計了一個實驗，將裝滿水的垂直鉛管底部浸泡在露天的水池中，而關於管子頂端那段空間的本質，一直以來都眾說紛紜。

托里切利在一六四一年搬到佛羅倫斯，擔任伽利略的祕書與助手，沒想到那是科學大師生命的最後幾個月。伽利略死於一六四二年，享年七十七歲，托里切利之後研究了這個謎題，利用玻璃管創造出一個較上述裝置更為小巧的版本，並用水銀取代了水。

進一步的實驗則產生了真空。但更重要的是，托里切利得到了一個重大的洞見：液體不是被管子裡某種神祕力量拉上來的，而是被壓在外部液體上的大氣重量推上來的。托里切利在一六四四年六月十一日寫給一名同事的信中表示：

> 我們住在空氣元素之海的底部，沉浸其中。透過實驗得知，這些空氣無疑地具有重量，而且重量之大，使得地球表面附近密度最高的空氣大約是水的重量的四百分之一。

托里切利觀察到，水銀高度會隨著大氣條件而改變。根據他之後的演講筆記，闡明了壓力與天氣之間的關連性。他以這些文字為氣象學奠定了基礎：「風是由空氣溫差所造成的，也就是地球兩個區域間的密度差異。」

另可參考

- 西元前 45 億 6,700 萬年〈地球出現大氣層〉p.1
- 1870 年〈氣象學變得有用〉p.91

托里切利設計出判斷大氣壓力的方法：將一根管柱倒放入一盤液態金屬水銀之中，再測量柱中水銀高度的改變。

無瑕的太陽

相　對於物換星移，太陽明顯是固定不變的。不過，在超級熱的表面下，磁場干擾呈現出來的、視覺可見的太陽黑子，長久以來一直受到科學家注目，並且想了解它與地球上種種情況的可能關係。最早觀察太陽黑子的紀錄出現在西元前二十八年的中國。

十七世紀初，伽利略與同時代的科學家開始利用最早的望遠鏡，針對太陽黑子進行廣泛的記錄。一八○一年起，英國天文學家威廉‧赫歇爾爵士（Sir William Herschel，1738-1822）與其他科學家就主張，太陽的變化會影響地球氣候。到了十九世紀中期，科學界已經辨識出為期十一年、彷如脈搏般的太陽黑子活動周期。接著，研究者察覺到長達數十年的太陽黑子靜止與超活動期，將之稱為太陽極小期（minima）與極大期（maxima）。最著名的是一六四五年到一七二○年的蒙德極小期（Maunder Minimum），一段值得一提的太陽冷靜期。一九七六年《科學》（Science）期刊裡一篇劃時代的論文詳細說明了此事件的範圍。論文作者是天文學家約翰‧艾迪（John A. Eddy，1931-2009），他詳細調查了數量驚人的證據，從樹木年輪中的碳同位素、過去日蝕的記載，到太陽黑子的模式，並以艾

德華‧蒙德（Edward Maunder，1851-1928）與安妮‧蒙德（Annie Maunder，1868-1947）為這種現象命名，這對天文學家夫妻檔鉅細靡遺研究了古代太陽黑子的記載，於一八九四年發表首篇指出太陽黑子差異的論文。（安妮對此研究的貢獻並未獲得公開的認可，證明了當時的性別偏見。）

蒙德極小期則出現在長達數世紀的所謂「小冰河期」，並被認為是那段寒冷時間的實質成因。不過最近的研究顯示，似乎是其他因素導致了小冰河期。

一些科學家主張，二十一世紀初期的太陽活動改變可能是新的太陽極小期的開始（過去一千年中只出現過五次）。考慮到這個論點，國家大氣研究中心（National Center for Atmospheric Research）在二○一三年檢視了新的太陽黑子枯竭期，了解是否會使地球冷卻到足以停止暖化。答案是：那樣的溫度下滑能使暖化減緩，但無法長期停止暖化現象。

另可參考
- 1100 年〈中世紀的溫暖到小冰河期〉p.37
- 1859 年〈宇宙天氣來到地球〉p.85

太陽有太陽黑子活動的高峰與低潮期，會影響太陽抵達地球的能量多寡。這兩張影像分別為美國太空總署於 1998 年 10 月 28 日與 2001 年 3 月 28 日所拍攝，顯示平靜期（下）與渦動期（上）的差異。

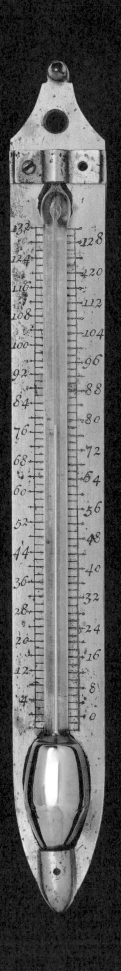

華氏標準化溫度

利用玻璃管內的液體測量溫度的溫度計是在一六三〇年代發展出來的。但是使用這些溫度計的科學家與學者都有自己的刻度，參考點通常也不一樣。

沒有一個共同的標準，就不可能以一致的方法，比較在不同的地方或時間測量的結果。想像一個沒有這種共同規則的科學觀察——甚至是一份這樣的蛋糕食譜——會是何等光景。然而，刻度的標準化直到十八世紀才出現。

華氏刻度的發明者是丹尼爾·加百列·華倫海特（Daniel Gabriel Fahrenheit，1686-1736），他是德國富商家庭的後裔，出生於但澤的巴爾提克港（Baltic port of Danzig），即現今波蘭的但斯克（Gdańsk）。華倫海特的雙親在他十六歲時同時去世（根據一些報導，兩人死於誤食有毒的蘑菇），於是他被送到阿姆斯特丹擔任店員。在店裡工作四年後，華倫海特開始對製作包括溫度計在內的科學儀器產生興趣。他在一七一四年完成了最早的兩個酒精溫度計，將溫度刻度設為從零開始（冷凍鹽水溶液的溫度），最高二一二度（滾水的溫度）。

一七四二年，瑞典天文學家安得烈·攝修烏斯（Anders Celsius，1701-1744）是這段時期發展出零到一百的溫度刻度的科學家之一。但與其他人不同的是，攝修烏斯在兩端都使用了熟悉的基準點，將水結凍的溫度設為一百度，沸騰的溫度設為零度。這兩個基準點之後互換，形成我們現在所使用的刻度。攝修烏斯將他的刻度稱為百分度（centigrade，源自拉丁文的「百步」）。一九四八年，世界上大部分地方都採用了攝氏刻度做為測量溫度的標準單位。

克氏溫標（Kelvin scale，又稱絕對溫標或克耳文溫標）是格拉斯哥大學工程師暨物理學家威廉·洛德·克耳文（William Lord Kelvin，1824-1907）在一八四八年的一篇論文中提出的，他主張需要一種從「無盡寒冷」開始的溫度刻度。克氏溫標主要是物理科學中使用的溫度度量衡單位。科學家會同時使用克氏與攝氏溫標，絕對零度（克氏零度）相當於攝氏負二七三度。

另可參考
- 1603 年〈溫度的發明〉p.41
- 2012 年〈平息火熱紛爭〉p.187

由華倫海特設計的早期溫度計，以銅、玻璃、水銀製成，有華氏零下四度到華氏一三二度的累進刻度。

四弦上的四季

綜觀人類歷史，聲音的元素向來會影響音樂與樂器，從雄壯鼓聲與雷聲的關係，日本笛如風般的音符，到智利印地安人用乾燥仙人掌製作的雨聲器重現了沙沙雨聲，都是例子。在西方古典音樂中，最早充分表現氣象學影響的就是《四季》（*The Four Seasons*）協奏曲，由義大利小提琴愛好者安東尼歐‧韋瓦第（Antonio Vivaldi，1678-1741）在一七二一年左右所譜寫。

每一段協奏曲都表達了一年中各個時節的氣氛，可能是冷颼颼的音符或讓人昏昏欲睡的層次表現。雖然現在的演奏很少會一起呈現，但每一首協奏曲其實都有一首對應的十四行詩。比如夏季的詩裡就有這麼一句：

輕柔的微風撥動空氣，但險惡的北風突如其來，將之掃至一旁。

路德維希‧范‧貝多芬（Ludwig van Beethoven，1770-1827）則在一八〇二年率先使用直接模仿的方法捕捉天氣的感受。《田園交響曲》（*Pastoral Symphony*）的第四樂章裡，貝多芬使用大雷雨營造爆發感，接著漸漸消失淡出，這樣的手法在當時必定帶給觀眾超乎尋常的體驗。很快地，其他作曲家也開始動手嘗試。牛津的物理學家凱倫‧艾裴林（Karen L. Aplin）與雷丁大學（University of Reading）的大氣科學家保羅‧威廉斯（Paul D. Williams）二〇一一年在英國期刊《天氣》（*Weather*）上發表了一篇論文，把數十年來古典樂中以音樂表現天氣幻覺的頻率加以量化。同為古典音樂家的兩位作者發現，到目前為止，暴風雨是作曲家最常呈現的天氣現象。

十九世紀末出現了專門的儀器，用來強化傳統的交響樂樂器，包括一種金屬製的「雷片」，以及使用絲綢鼓製造出呼嘯風聲的風機。

年輕的大提琴演奏者，同時也是明尼蘇達州立大學地質系學生的丹尼爾‧克勞佛（Daniel Crawford）憂心溫室氣體增加所導致的氣候變遷，嘗試了將氣候資料轉變為聲音的創新手法。他譜寫了一首大提琴獨奏曲，當中每一個音符都代表 NASA 從一八八〇年到二〇一二年所記錄的全球年均溫。在那之後，他與其他作曲家還譜寫了更多這類作品。

另可參考
- 西元前 300 年〈中國從神話學到氣象學〉p.33
- 1816 年〈一場爆發、饑荒與怪物〉p.71

韋瓦第拿著小提琴的畫像，他是第一位直接從氣象學得到靈感的西方作曲家。

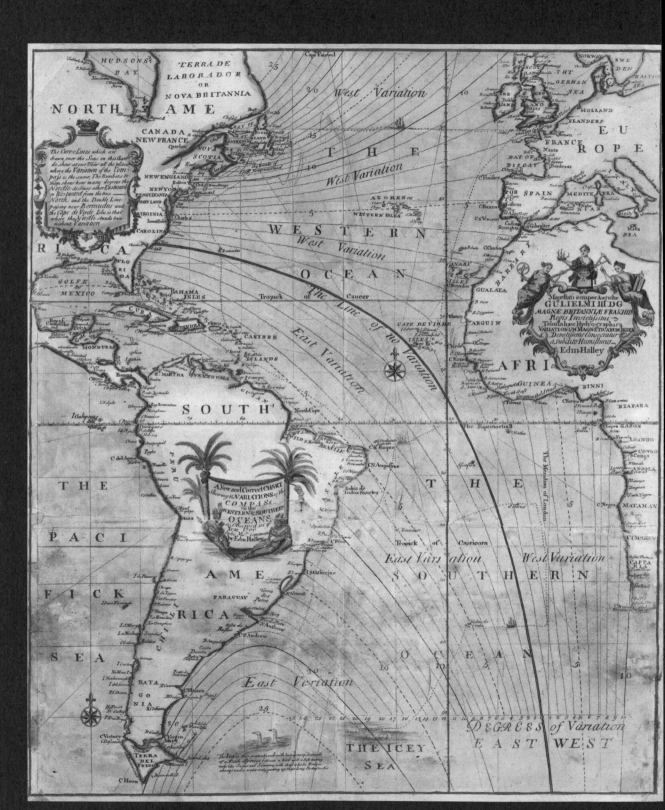

風的地圖

艾德蒙・哈雷（Edmond Halley，1656-1742）是以天文與數學研究聞名的科學家，嘗試破解在世界不同地理區域各自會出現可預測的風的原因。他在一六七六年前往位於遙遠南大西洋的聖海倫娜島（Saint Helena Island）研究南半球的星象，因此從北方的溫帶地區穿過赤道，向南航行。一六八六年，哈雷發表了一份創新的全球風圖和一篇論文，指出回歸線的高溫正是風接近與遠離赤道的驅動力，並主張氣團往西的運動和太陽每日由東到西的運動有關。然而，在研究同僚約翰・瓦利斯（John Wallis，1616-1703）對太陽會造成如此廣大模式提出質疑後，哈雷也寫下文字，表達自己對於這個假設也開始產生了懷疑。

到了一七三五年，律師暨業餘天氣學生喬治・哈德里（George Hadley，1685-1768）破解了這個氣象之謎的重要部分。在指標性論文〈論信風的成因〉（"Concerning the Cause of the General Trade Winds"）中，哈德里提出了和哈雷相似的概念，認為加熱的空氣會上升，朝兩極流動，接著冷卻下沉，創造出一個重複的循環。他也提出了風會有角度地流動的原因：地球自轉的速度在赤道附近是最快的，所以接近的氣團在本質上會被下方表面的速度拋在後面。他寫道：

> 從中可以看出，當空氣從熱帶地區向赤道方向移動時，它的速度低於所到達地球那個部分的速度，因此，它的相對運動將與地球那些地區的每日運動相反，再加上朝赤道的運動方向，在赤道的這一邊就產生了東北風，而在另一邊就產生了東南風……

這個複雜系統的另一項關鍵細節還需要一個世紀才會被釐清，但做為基本的大氣循環特徵，此後便稱為哈德里環流圖（Hadley cell）。

另可參考

- 1806 年〈蒲福為風力分級〉p.67
- 1887 年〈使風工作〉p.103

哈雷利用往來南大西洋聖海倫娜島航程中的觀察做為一部分參考，於 1676 年繪製了熱帶信風的地圖，並在十年後被肯定為製圖史上的里程碑。

班傑明‧富蘭克林的避雷針

班傑明‧富蘭克林（Benjamin Franklin，1706-1790）最為人所知的身分是美國的開國元勛之一，但他也是一位作家、畫家、發明家、郵政專家、外交官、公民運動家，而且特別著迷於與電相關的早期科學研究。富蘭克林從一七四七年開始實驗，意外讓自己嚴重觸電——「宇宙的一擊從頭到腳貫穿我的全身」——他在一封信中如此描述此事件。

富蘭克林也學習氣象學，所以他深信閃電和靜電相似，並開始探索不同的方式，以保護建築結構免受這種強大的氣象威脅。一七四九年，富蘭克林開始發展理論，認為一根末端尖尖的棒子若與地面連接，就能保護建築免受雷擊。

一七五二年六月，他對費城一座教堂的尖塔尚未完工感到不耐——本來希望用這座尖塔來測試他的避雷針概念。於此同時，他進行了那一場傳奇的風箏實驗：在雷雨天放風箏，線上綁著一把鐵製的鑰匙。富蘭克林活著結束這個實驗是很幸運的，因為後來有人嘗試重現該實驗，結果遭雷擊身亡。而當富蘭克林的研究傳到歐洲時，那裡也進行了數個實驗，想確認他的想法。

風箏實驗和避雷針的設計都顯示了一項科學原理：電會試著找到抵抗最小的路徑以抵達地面。利用這些見解為本，富蘭克林在一七五三年度的《窮李查年鑑》（*Poor Richard's Almanack*）中發表了一篇文章，描述保護房子免受雷擊的方法。他的系統由三個關鍵元素組成：一根立在屋頂尖端的金屬棒，水平的屋頂導體，以及垂直的導體，將電荷引導到接地。

富蘭克林在自家立了一根避雷針，並增加創新的細節——接地線有電時，鈴鐺就會響，通知大家這間房子上方的大氣是通電的。富蘭克林的避雷針最後被裝在多個重要建築上，包括之後成為美國獨立紀念館（Independence Hall）的賓夕維尼亞州州政府。

另可參考
- 1755 年〈追風的富蘭克林〉p.57
- 1989 年〈電子「精靈」的證據〉p.173
- 2016 年〈極端的閃電〉p.195

一七五二年

富蘭克林從天空取電（c.1816）。畫家為英裔美籍的班傑明‧魏斯特（Benjamin West，1738-1820），描繪富蘭克林出名的風箏實驗。

Plate V.   Vol.II. page 26

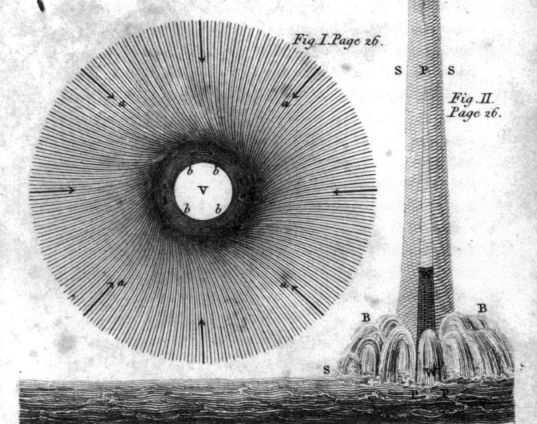

52	61	4	13	20	29	36	45
14	3	62	51	46	35	30	19
53	60	5	12	21	28	37	44
11	6	59	54	43	38	27	22
55	58	7	10	23	26	39	42
9	8	57	56	41	40	25	24
50	63	2	15	18	31	34	47
16	1	64	49	48	33	32	17

Fig. III. Page 326.

Fig. I. Page 26.

Fig. II.
Page 26.

Published as the Act directs, April 2, 1806, by Longman, Hurst, Rees & Orme, Paternoster Row.

追風的富蘭克林

除了研究閃電與電，富蘭克林也一直對龍捲風等其他旋風抱持濃厚的興趣。證據來自於一系列相關信件與其他文章，特別是一七五三年一篇關於水龍捲的詳細論文，內容還附有詳細的圖片，闡述了他對於水龍捲構造及能量的理論。

富蘭克林顯然渴望近距離觀察它們。一七五五年，他帶著兒子威廉住在班傑明・塔斯克上校（Colonel Benjamin Tasker）的馬里蘭州宅邸。在鄉間騎馬時，兩人碰上了一陣剛形成的塵捲風。富蘭克林後來寫信給經常與他討論電學的彼得・寇林森（Peter Collinson），回憶接下來發生的事；以下摘錄自他的信：

它以圓錐形出現，在端點上旋轉，沿著山坡朝我們移動過來，一邊前進一邊變大。當它經過我們時，靠近地面的較小部分差不多是一個普通桶子的大小，但是往上愈變愈大，在十二・二或十五・二公尺高的地方，直徑變得有六・一或九・一公尺那麼寬。同行的其他人都站在那兒看，但我的好奇心愈來愈強烈，於是我跟著它，騎馬接近它的側面，觀察到它一邊前進，一邊帶起那體積較小端下方的所有灰塵。因為一般認為開槍射擊水龍捲會破壞水龍捲，所以我揮舞馬鞭數次，試圖破壞這個小旋風，但徒勞無功。

這段追逐結束於這股旋風橫掃過一座菸草田後消散無蹤，只留下滿天被捲起的樹葉。富蘭克林以下列妙語為他的追風之旅做結：「當我問塔斯克上校，這種旋風在馬里蘭州是否很常見時，他愉快地回答：『不，一點也不常見，但我們為了招待富蘭克林先生，故意使其發生。』真是高規格的待遇啊……」

另可參考

- 1752 年〈班傑明・富蘭克林的避雷針〉p.55
- 1806 年〈蒲福為風力分級〉p.67

富蘭克林論文〈水龍捲與旋風〉所附的水龍捲示意圖，收錄於 1806 年出版之《已故的班傑明・富蘭克林博士哲學、政治學、道德研究全集》（ *The Complete Works in Philosophy, Politics, and Morals, of the Late Dr. Benjamin Franklin* ）。

最早升空的氣象球

一七八三年十一月二十一日，尚‧法蘭西斯‧德皮拉特爾‧羅齊爾（Jean-François de Pilâtre Rozier）和阿爾朗德侯爵（marquis d'Aalandes）搭乘第一顆人造氣球升空。那是個稀奇的景象，目擊者班‧法蘭克林（Ben Franklin）在他的日記裡描述升空的那一刻：「我們看到它以最宏偉的方式上升，當氣球到達七十六‧二公尺高處，兩位無畏的乘客拿下帽子，向觀看者致意。我們不由得明確感受到混合著敬畏與崇拜的心情。」

起飛前，為了確認高空的風，有一顆氣象觀測氣球先行升空，此舉雖然較不起眼，卻同樣是一個重要的里程碑。在後來數十年裡，愈來愈進步的氣象氣球被用來揭曉大氣層的結構與成分。至今，這些氣球依舊為氣象學家提供關鍵資料。

法國氣象學者里昂‧泰塞朗德波爾（Léon Teisserenc de Bort，1855-1913）是率先投注心力於這項事業的人之一。一八九六年，他發現在超過十一公里的高空，大氣溫度會維持相對穩定。一九〇〇年，他做出結論：大氣是分為兩層的。泰塞朗德波爾將下層的大氣命名為對流層（troposphere，代表「改變的範圍」），這一層不只包含大氣中大部分的空氣與氧氣，所有的天氣也都在這一層發生。平流層（Stratosphere）指的則是位置更高、看來穩定的那一層。

就算現在已經有衛星以及其他監控系統，氣象氣球還是在全世界八百個地點——幾乎完全同時——一天升空兩次。它們將稱為「雷送」（radiosondes）的儀器組送到約二十九公里高的地方，蒐集資訊以進行天氣預報。溫度、溼度、氣壓等數值會透過無線電傳送到地面天氣站，協助產生天氣圖，或是改善天氣預報的模擬內容。

針對氣候變遷或空氣汙染等的研究計畫也會使用其他類型的氣象氣球。科學家還會從氣球釋放出天氣儀器到暴風雨中，藉此得知特定暴風雨在不同高度時的風速與風向。

另可參考

- 1755 年〈追風的富蘭克林〉p.57
- 1887 年〈使風工作〉p.103

早期「雷送」測量測試會使用氫氣球。這張照片裡使用經緯儀追蹤氣球，直到氣球離開視力所及之處為止。

農夫曆

雖然多年來有各式各樣的曆書，但最為人所知的，還是原名《農夫曆》（*The Farmer's Almanac*）的《老農夫的曆書》（*The Old Farmer's Almanac*），並以它大膽的長期天氣預測而出名。這份曆書由羅伯特・湯馬斯（Robert B. Thomas，1766-1846）所創，從一七九二年起每年出版，毫無間斷。

湯馬斯觀察太陽周期以及其他現象，得出一套祕密的天氣預測模型，至今還鎖在新罕布夏州都柏林市的出版社辦公室裡一個黑色錫盒中。這份雜誌長久以來宣稱其預測準確度達八〇％。一九八一年，兩位大氣科學家約翰・華許（John Walsh）和大衛・艾倫（David Allen）在《天氣預報》（*Weatherwise*）上發表了不一樣的結果，他們對照實質樣本與《農夫曆》裡的氣溫和降雨率預測，評估其準確度大約落在五〇％左右。

但這份出版品長久以來都暗示，不需要太認真看待它的預測。湯馬斯在一八二九年寫道，這份曆書「盡量發揮作用，但也帶著某種程度令人開心的幽默」。這本曆書受歡迎的程度，據

說是隨著一八一六年一份似乎是意外出版卻驚人準確的預測而水漲船高。根據長期擔任目前《農夫曆》與《洋基》（*Yankee*）雜誌總編輯的朱德森・海爾（Judson Hale）表示，那一年的曆書不小心把一月、二月的天氣預測和七月、八月的內容顛倒了。曆書的創始人絕望地想回收所有的書，但預測的消息卻已傳了出去。「他變成了大家的笑柄，」海爾表示：「但到了七月，新英格蘭地區卻發生豪雨、冰雹，以及降雪！」

原因是一八一五年印尼的丹波拉火山（Mount Tambora）爆發，大量的氣體與塵埃進入大氣層，使全球氣溫降低，也把夏日雪帶到了新英格蘭地區。不過，一九三八年那一版的紕漏就沒這麼幸運了，當時的編輯羅傑・史凱非（Roger Scaife）用溫度和平均降雨取代了天氣預報。根據該曆書的網站表示：「大眾的強烈不滿迫使他在隔年的版本中恢復天氣預報，卻為時已晚，無法挽回他的名譽。」

另可參考

- 1816 年〈一場爆發、饑荒與怪物〉p.71
- 1886 年〈土撥鼠日〉p.101

創立迄今二百多年的《老農夫的曆書》仍有許多愛用者，儘管（或者可說是因為）這個長期氣象預測背後使用了「祕密公式」。

Cirr

Cum

Sha

Lewis, sculp

盧克・霍華德為雲取名

八〇二年十二月的某個晚上，業餘氣象學家暨倫敦藥劑師盧克・霍華德（Luke Howard，1772-1864）成為第一個提出將雲分類的人。他向「阿思肯斯學會」（Askesian Society）發表了自己的想法，那是一小群有志於科學研究的年輕知識分子組成的團體。霍華德那天晚上的演說名為「論雲的變化」（On the Modification of Clouds）， 他是這樣開場的：

我今晚的演講，是關於某些人眼中不尋常、不切實際的主題：我的演講內容與雲的變化有關。自從氣象學愈來愈受到重視以來，關於大氣層中懸空的水的各種外型的研究，已經成為一個很有意思、甚至愈來愈必要的氣象學研究分支。如果雲只是水蒸氣在它們占據的大氣團塊中凝結的結果，如果它們的變化僅是大氣層移動所造成的，那麼這項研究確實會被視為如追逐影子般無用……

在本質上，這場演講宣告了氣象學裡一門正式科學的開始。霍華德的演講隔年以論文形式發表，並搭配他本人繪製的各種雲的素描為圖示，而在後續近二十年的時間裡，他的論文也出現在其他發表作品中。值得一提的是，霍華德的分類依舊沿用至今，只是曾有一些小更動，氣象學家和民眾大多還是會用捲雲、積雲與層雲這些詞彙來描述雲朵。

霍華德的分類是一大啟發，為一個過去缺乏通盤協調思考的主題——更別說有任何記錄下來的理論，說明氣壓、溫度、降雨和雲之間的關係——建立脈絡，並使其為人所理解。也許更令人讚賞的是，霍華德直覺地認為雲必須被視為「重大理論與實際研究的主題……並受到……固定的法則主宰」。儘管當時空氣與水蒸發的相關物理學尚不成熟，但就整體而言，霍華德對雲的理解依舊可說是相當完整。

——G. S.

另可參考
- 1806 年〈蒲福為風力分級〉p.67
- 1896 年〈最早的國際雲圖集〉p.109

霍華德於 1803 年率先發表雲的分類描述，此為當時他繪製的附圖。

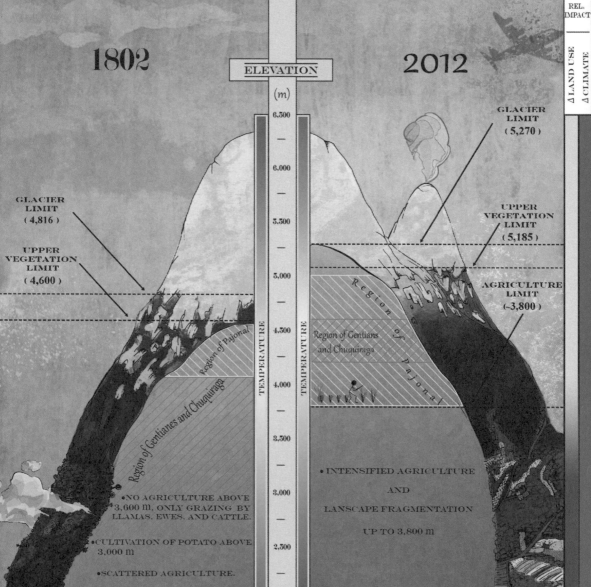

洪保德描繪一顆彼此相連的行星

十九世紀初期，傳言拿破崙一世（Napoleon Bonaparte）只羨慕一個人的名氣：亞歷山大・馮・洪保德（Alexander von Humboldt，1769-1859）。這位雲遊四海的普魯士博物學家暨地理學家獨具慧眼，能看到地方環境的細節、全球的關連性，甚至還能觀察到人類散布活動可能導致的崩解。

在那場橫跨美洲大陸的探險（1799-1804）一年後，他在日記中寫到「人類的胡鬧」擾亂了「自然的規則」。

一八○二年，洪保德攀上高度超過五千七百九十一公尺的欽波拉索火山（Mount Chimborazo）山脅，當時這座火山位於大哥倫比亞（Gran Colombia）境內，現在則屬於厄瓜多爾領土。洪保德此舉不僅創下登山紀錄，也使他對生物世界與物理世界之間的互相關連性，獲得關鍵的真知灼見。他以現場素描為基礎，於事後畫了一幅驚人的剖面圖，並搭配註解說明這座山的氣候帶與生態帶，被一些現代的插畫家視為最早的資訊圖表。

到了近期的二○一二年，一支國際科學家團隊複製了他的登山之旅與分析，以相同的風格做出了現代版的圖，並與洪保德當初的生態帶插圖並列，顯示古今的改變。他們的研究與藝術作品於二○一五年發表在《美國國家科學院院刊》（*Proceedings of the National Academy of Sciences*），顯示氣候暖化與侵入式農業對生態造成的劇烈改變。

之後，洪保德構思了等溫線——同樣溫度的線條——的概念，現今的氣象圖也依然使用著。為了協助建立測量地球磁場的工作站網絡，洪保德成為國際科學合作的傳道者。從達爾文到約翰・謬爾（John Muir），從科學家到天然資源保護者，都深受他的旅行和書籍啟發。最能夠說明洪保德之於科學與社會的重要性，就是他人的話語，例如達爾文說過，他搭乘小獵犬號艦隊的探索之旅就是受到洪保德的旅行所啟發。達爾文寫道，洪保德是「史上最偉大的科學家旅人」，並且附加一句：「我崇拜他。」湯馬士・傑佛遜（Thomas Jefferson）稱他是「最能為這時代增光之人」。

另可參考
- 1816 年〈一場爆發、饑荒與怪物〉p.71
- 1896 年〈最早的國際雲圖集〉p.109

2012 年，一支國際科學家團隊複製了洪保德對欽波拉索火山的調查，將他先驅性的資訊圖表加以修改，於 2015 年把現代版與原始版並列，呈現氣候與生態的變遷。

蒲福為風力分級

微風是什麼？大風呢？直到十九世紀初，才出現定義風力的標準方法，當時皇家海軍裡的一名愛爾蘭軍官法蘭西斯‧蒲福（Francis Beaufort，1774-1857）重新定義了一種直接描述風速的方法，也就是觀察移動的空氣如何影響從海浪到樹枝等環境特徵，成果則是現今提及風速時所謂的蒲氏風力級數。

根據英國氣象局，蒲福設計風力級數時正在伍維爾齊號巡航艦（HMS Woolwich）上服役。最早的書面紀錄出現在他一八〇六年一月十三日的私人日誌裡，內容表示他「此後會」利用這一套出自大自然的線索來「估計風力」。一八〇七年，他稍微修改了級數，最後將風力分為零到十二，總共十三級。舉例來說，蒲氏風力級數零描述的是平靜的情況，風速低於一節（亦即每小時低於一海里），因此「海面如鏡」。隨著蒲氏風力級數上升，風速也隨著情況的描述跟著上升。你不會想在風速十二級時待在海上的，那是颶風的力量：「巨浪，空中充滿浪花飛沫，海面全呈白色浪濤，能見度惡劣。」蒲氏風級可高達十七級，但是十三到十七級只適用於熱帶颱風。

一九一六年，蒸汽動力快速取代了船帆，因此有些關於風力如何影響帆布的描述便和其他東西一起刪除了，並增加了更多關於海象的細節。蒲氏風力級數也經過修改，以適用陸上風力，同樣分為十三級，描述的則是陸地特徵對風力變化的反應。級數一的時候是「煙直上」，級數十二的時候，「植被遭受嚴重大規模破壞，少數窗戶破損，移動式住家、草棚穀倉結構受損，殘磚斷瓦可能飛散。」

氣象學家現在很少使用蒲氏風級，但在無法使用儀器時，它依舊是很好用的風力級數標準。

另可參考

- 1735 年〈風的地圖〉p.53
- 1934 年〈最快的風速〉p.129
- 1975 年〈揭開危險的下暴流〉p.161

蒲氏風力級數共有十三級，是利用海上或陸上肉眼可見的視覺線索而定義。圖為本書作者瑞夫金 1980 年在環航帆船「漫遊癖」（Wanderlust）擔任大副時，在紅海南端遭遇七級風的情況。如風力分級所述，當風力達到蒲氏風力七級時，「海面湧突，浪花白沫沿風成條吹起。」

倫敦最後一次霜雪博覽會

倫敦的泰晤士河早在西元二五〇年就有被厚冰覆蓋的記載。根據許多史料，從一三〇九年到一八一四年間，有超過二十四次冬天，泰晤士河的結冰厚到足以支撐在冰上進行各種商業活動。

最寒冷的那些年帶來的成果是一系列的「霜雪博覽會」，也就是把結冰的河面變成遊樂場、公路與廣場——引用當時的描述，是一場「水上嘉年華」。當時之所以結冰得比較快，是因為河面比現在寬，因此流速較慢，再加上舊倫敦橋有十九道拱形通道，阻擋了漂浮物與浮冰，也讓河水流得更慢。

在後來被稱為小冰河期的氣候區間中段，也就是一六〇七年到一八一四年之間，出現了七場紀錄豐碩的博覽會。一六〇七到〇八年的冬季博覽會裡，理髮師、鞋匠等商人全在冰上搭起了店面。印刷機快速印出紀念卡片，一頭又一頭烤牛和酒類紛紛被一掃而空。

而在一六八三年到八四年的酷寒冬季，泰晤士河整整凍結了兩個月。當年的市集被稱為「毛毯市博覽會」，約翰・艾弗林（John Evelyn）是當時的大眾編年史作者，他在日記中描述那個景象：

西敏寺到聖殿教堂以及其他幾個場所來來回回的馬車川流不息，在街道上有溜冰的人，還有以犬逗牛、馬和馬車的比賽、偶戲和幕間劇、飲食攤、喝酒和其他情色場所，就像是在水上的狂歡作樂或嘉年華會；然而，這是對土地的一種嚴厲審判，樹木不僅像被閃電劈到一樣裂開，還有人和牛在各種地點死去，由於海洋本身是如此地被冰封，沒有船隻能夠進出。

然而，隨著氣候愈來愈溫和，舊倫敦橋在一八三一年被新橋取代，河水能更順暢地流動，泰晤士河就愈來愈不可能結冰了。

另可參考

- 1100 年〈中世紀的溫暖到小冰河期〉p.37

《泰晤士河霜雪博覽會，以舊倫敦橋為背景》（*Frost Fair on the Thames, with Old London Bridge in the distance*，c.1685，作者佚名），描繪倫敦人聚集在結冰的泰晤士河上參加盛會。

一場爆發、饑荒與怪物

一八一六年夏天，詩人拜倫閣下（Lord Byron，1788-1824）邀請了一些文友到瑞士日內瓦湖畔的家中作客。但是一陣不尋常的陰雨來襲，為了打發時間，拜倫提議來寫恐怖故事。這時，賓客之一的瑪莉·雪萊（Mary Shelley，1797-1851）做了「清醒夢」，並在之後成就了雋永的「科學怪人」。拜倫則寫下〈黑暗〉（"Darkness"）這首詩，開頭是這樣的：

> 我曾似夢非夢，
> 明亮的陽光已滅，
> 群星
> 迷失於無垠宇宙的漆黑中，
> 冰封的大地無徑無光

這些文學名人不可能會知道，這種恐怖天氣的起因，來自於一年前在半個地球之遙的地方發生的地質劇烈變動與其引發的全球性氣候巨變，恐怖的天氣只是其中一部分。

一八一五年四月十日，在荷屬東印度群島（現今的印尼）蘊釀已久的丹波拉火山爆發了，遠在二千四百一十四公里外都聽得見爆發的聲音。掉落的灰燼、引發的海嘯以及其他地方性衝擊，造成了數千人死亡。

另一方面，這座火山也產生了數千萬噸的硫磺，造成大量阻擋陽光的粒子進入大氣層，形成一片快速擴散的遮蔽物。拜倫閣下與他的賓客所體驗到的溼冷天氣確實造成了恐怖的後果，使得愛爾蘭與英格蘭地區的小麥、馬鈴薯、燕麥欠收，導致歐洲經歷十九世紀最嚴重的饑荒。這一年後來被稱為「無夏之年」或「一八〇〇凍死年」，五月的霜害摧毀了麻薩諸塞州、新罕布夏州、佛蒙特州、紐約上州的作物，六月的新英格蘭則覆上了一層雪。

科學家估計，硫磺雲造成的天氣衝擊使得全球高達九萬人死亡。中國和印度的雨季被打亂，使得長江三峽出現水患。在印度，晚來的夏季降雨助長了霍亂等疾病的散布。

在藝術方面還有另外一項影響，火山爆發的懸浮物質所創造的條件塑造了當時的畫作風格，包括約翰·康斯坦保（John Constable，1776-1837）繪製的一幅暴風雨中的海岸線風景。

另可參考

- 西元前 6,600 萬年〈恐龍的終結，哺乳類的興起〉p.13
- 1721 年〈四弦上的四季〉p.51
- 1983 年〈核子冬季〉p.167

《韋茅斯海灘》（*Weymouth Bay*）是英國畫家康斯坦保的作品，描繪丹波拉火山爆發後，英格蘭南部海岸陰暗、滿是塵埃的天空。這幅畫作繪於 1819 年到 1830 年間，靈感來自康斯坦保在「無夏之年」1816 年蜜月期間的前作。

西瓜雪

八一八年，英國海軍上校約翰·羅斯爵士（Sir John Ross，1777-1856）帶領一支不尋常的探險隊，打算找到傳說中在北美洲上方的西北航道。但複雜的地形使他無比混淆，決定返航。他沿著格陵蘭西岸航行，卻有了更古怪的發現：在白色的冰崖上，居然有明顯是粉紅色的雪。於是羅斯停下來，採集了一些那種雪的樣本帶回英國──當然那時候已經變成水了。那年十二月四日，《倫敦時報》（Times of London）報導了這項發現，但帶著些許懷疑：

上校羅斯爵士從巴芬灣（Baffin's Bay）帶回了一些紅色的雪，或者說比較像是雪水；已於本國送交化學分析，藉此了解這種顏色的本質。在這種情況下，我們對難以置信之事的信任，面臨了極端的考驗，但我們無法得知有任何理由懷疑其所陳述的事實。

早在亞里斯多德的時代就有學者描述過粉紅色的雪，此時總算可以進行科學分析了。羅斯認為，粉紅色是因為含鐵豐富的隕石殘骸所造成，不過蘇格蘭植物學家羅伯特·布朗（Robert Brown，1773-1858）主張，真正的幕後因素是某些品種的藻類。結果布朗是正確的。

在此之後，從南極洲到美國猶他州的降雪地區都發現過所謂的「西瓜雪」。紅色的雪似乎會出現在春末與夏季，由於此時會形成薄薄的融化雪水，並且沐浴在陽光中，使得原本暫停活動的藻類開始復甦。這些藻類雖然是綠色的，卻會產生紅色素以形成天然防晒，阻擋光裡的有害波長。

有顏色的雪會加速融化，因為陽光本來會被白色的表面反射出去，而非被吸收。由德國和英國科學家在二○一六年發表的研究指出，在格陵蘭等地，由於因藻類而變暗的冰河表面融化速度增加得太快，使得預測氣候變遷衝擊的模型時，需要把這種效應也納入考量。

另可參考

• 1845 年〈北極探險家的冰冷厄運〉p.81

因藻類所造成的紅雪，亦稱西瓜雪。照片中的景象是義大利北部多洛米提山脈的拉瓦雷多三尖峰（Tre Cime di Lavaredo），由鞭狀紅雪藻（Chlamydomonas nivalis）造成。

A MEETING of UMBRELLAS.

Pub.d Jan 25 1782 by W.Humphrey. 227 Strand.

人人可用的雨傘

數千年來，人們一直在追尋並改善移動時保護自己免於日晒雨淋的方法。這類裝置最古老的紀錄出現在古埃及的象形文字和雕刻中，顯示皇室與神明頭頂會有陽傘遮陽。而最早使用這類物品的防水版本，也就是雨傘，似乎是三千年前的古代中國。如同在埃及，這些針對自然力的保護用具長期以來都是皇室或貴族的象徵。有些中國帝王會使用精緻的四層雨傘；在描繪暹邏與緬甸統治者的藝術作品中，他們最多會使用二十四層的傘。

經過數個世紀與各式各樣的創新後，一般民眾終於能夠使用亞洲風的陽傘，以及最後終於出現的、以傘骨和布料製成的現代折疊傘。

一八三○年，第一間傘專賣店「詹姆士·史密斯父子」（James Smith & Sons）在倫敦西邊開幕，宣告著更大的市場已經崛起了。到了一八五○年代，雨傘終於成為英國都市人隨處可見的物品，這多虧山謬·福克斯（Samuel Fox，1815-87）發明了輕量鋼骨，取代了早期設計裡支撐絲綢或棉布的鯨鬚條。

《雨傘及其歷史》（*Umbrellas and Thier History*）這本威廉·桑斯特（William Sangster）的傑作於一八五五年在大英帝國出版，書中依照時間順序，以幽默的方式講述雨傘從奇特到不可或缺的轉變：

不過才幾年前，那些拿著雨傘的人還被視為嘲笑有理的對象。他們老派守舊，在意自己的健康；但是現在，我們比較有智慧了。每個人都有自己的雨傘。現在它較便宜了，做得也比以前好了，那麼有誰窮到買不起一把傘呢？看到一個人下雨天出門不帶傘所引發的嘲弄笑聲，不下於當初看到第一個 —— 某個比同時代的人更聰明的人 —— 使用這個現在舉目可見的遮蔽物擋風遮雨的人所引發的反應。

另可參考

- 1902 年〈「製造天氣」〉p.115
- 1903 年〈雨刷〉p.117

英國漫畫家詹姆士·吉爾瑞（James Gillray，1756-1815）所繪《雨傘會議》（*A Meeting of Umbrellas*，1782）。在當時，紳士帶著雨傘出門的模樣，暗示著此人過分時髦或娘娘腔。

揭露冰河時期

早期的西方學者在思考高山地景時，常困惑於床岩與大圓石上類似刮痕的東西，彷彿是這些石頭被巨人隨意拖拉後留下的痕跡。十八世紀時的主流理論認為，這些地貌特徵是古代洪水的證據，可能是《聖經》裡描述的大洪水。接著，一個新想法逐漸浮現。一八一五年，一名瑞士獵人暨登山家尚皮耶・貝侯丹（Jean-Pierre Perraudin）得出結論：散落在阿爾卑斯山山谷裡的巨大花崗岩，是被前進中的冰河所帶下來的。他向工程師伊格納・維內茲（Ignaz Venetz，1788-1859）解釋自己的觀察，於是維內茲開始比對這些特徵，並於一八二九年發表演講，說明這個概念，但遭到了學界非常強烈的抗拒。

德裔的瑞士地質學家尚・德・夏本帝（Jean de Charpentier，1786-1855）在一八一五年認識貝侯丹，雖然他回想一開始聽到貝侯丹的假設時，覺得根本離譜得令人嗤之以鼻，認為此理論「不值得檢視，遑論加以思考」。但他改變了主意，部分原因來自於維內茲的壓力。

還需要一個步驟，才能使這個概念從古怪的提議變成新的典範。夏本帝彙整的地圖與資料都指出冰河移動的現象，最後也讓他說服了瑞士知名動物學家暨地質學家路易斯・阿格西（Louis Agassiz，1807-73）考慮這些證據。阿格西就像其他人一樣，一開始抗拒，但逐漸採納這個觀點，在一八三七年發表重要演說，並於一八四○年撰寫《冰川研究》（*Études sur les Glaciers*）一書，將冰河時期介紹給科學界。而之後在北美地區針對冰層重大影響的觀察，更是加強並擴大了他的觀點。

外界的懷疑一直持續到一八七○年代，不過整個科學情境逐漸具體化。到了該世紀末，地質學家已經找到證據，顯示冰層曾經前進又後退至少四次，每一次的周期都延續數萬年。而了解是什麼導致了這樣的改變，也就成了下一個挑戰。

另可參考
- 1912 年〈軌道與冰河時期〉p.123
- 1993 年〈冰與泥中的氣候線索〉p.175

阿格西在 1840 年《冰川研究》地圖集內所繪插圖，地點為瑞士策馬特（Zermatt）的冰川。

泥煤沼歷史

沒什麼東西不能引起丹麥博物學家喬珀托斯・史汀史翠普（Japetus Steenstrup，1813-97）的興趣。他曾擔任礦物學講師，研究過蠕蟲性欲，證明過傳說中的海怪只是一隻超大的魷魚，曾講評石器時代的雕刻，將他大量的藤壺收藏借給達爾文，教導革蘭氏細菌染色技術（Gram's stain technique）的發明者顯微鏡學，還教過未來的植物生態學創始人植物學。而且，在一八三六年，他挖出了幾個沼澤。

史汀史翠普仔細記錄了不同的泥煤層（古老的腐爛植被），辨識出當中的植物化石，並證明在泥煤沼內和周圍生長的植物物種多年來已經產生改變。他推論是氣候變遷造成了這些轉變，並以上一次的冰河時期為起點，發展出世界上第一個以沉積物為基礎的氣候年表。

他的發現是站在喬治・居維葉（George Cuvier，1769-1832）和詹姆斯・赫頓（James Hutton，1726-97）兩位前人肩膀上的成果，他們已經展示了地球深層歷史裡發生的巨大變化；大約同一個時期，阿格西也提出了冰川理論，查爾斯・利耶爾（Charles Lyell，1797-1875）則正為地質學提出一種系統性的方法。

史汀史翠普於一八四一年發表他的沼澤研究論文，指出氣候和植被在過去數千年裡已經發生了大幅變化，並為古氣候學和古生態學的現代科學化——針對過去氣候和生態變化證據的研究——帶來雙重曙光。他的研究在接下來的幾十年裡，啟發了斯堪地那維亞地區對泥煤沼進行更詳盡的研究，直接帶來以下成果：布利特－謝爾南德爾（Blytt-Sernander）氣候排序，這是針對北歐氣候階段的分類；發現了一次短暫、突然的氣候變化，叫做新仙女木事件（Younger Dryas）；還有一九一六年發展出來的、利用分析舊花粉來當作過去氣候和生態模式的線索。這種花粉分析法揭曉了自然變化的速率與規模，既能與現在的情況做比較，還能預測未來變化。而這一切都始於沼澤地裡一位好奇的博物學家。

—— S. J.

另可參考

- 1088 年〈沈括寫氣候變遷〉p.35
- 1840 年〈揭露冰河時期〉p.77

泥煤層可以被剝除，用途多樣，從做燃料到威士忌生產都可以。泥煤沼研究也為數千年以來的地區性氣候和生態變化提供了豐富的線索。

北極探險家的冰冷厄運

英國探險家約翰·富蘭克林爵士（Sir John Franklin）兩度率領隊伍前往北美洲最北處探險，從此聲名大噪。但他在一八四五年犯了一個錯，也就是第三度前往北極。當時，他被暱稱為「吃掉自己靴子的男人」，因為在一次極為嚴苛的長途跋涉中失去了多數同伴，但自己倖存了下來。因此，當他在那年春天離開英格蘭，踏上尋找西北航道，也就是那時認為能夠連接大西洋和太平洋的水路時，是一件值得大張旗鼓炫耀的事。

富蘭克林帶著一百三十四名人員，搭乘兩艘帆船出發，分別是英國海軍艦隊幽冥號（HMS Erebus）和恐怖號（HMS Terror），這兩艘強化過的船隻已經成功探索過南極洲周邊的多冰水域，船上安裝了蒸汽引擎以及能在海上升降的推進器，可以推動船隻在冰上前進。六月底，一些在格陵蘭西方巴芬灣的捕鯨人目擊到這些船拴在冰山上，那也是最後一次有當地因紐特（Inuit）原住民以外的人看到這支探險隊。

接下來十多年裡，英、美兩國派出了一連串探險隊，試圖回溯富蘭克林的路線，希望能藉此找到失蹤的隊員與隊長。最後，他們只找到了遭遺棄的營地痕跡、因紐特人說的故事，以及——在一八五一年——其中三位隊員的墳墓。然而，一八四八年到一八五九年間四十多次的航行，也帶來了豐富的北極探險與科學結果。

似乎有許多因素導致了那些船隻與探險隊員的消失，因為密封不佳的錫製罐頭導致探險隊鉛中毒的理論也在二〇一六年被戳破了。最近研究得到的結論是，糟糕的天氣扮演了關鍵要角：在富蘭克林最後一趟旅程那十年，北極該區正處於數世紀以來最冷的時刻。

直到二〇一四年到二〇一六年間，幽冥號與恐怖號的沉船殘骸才終於被發現，它們沉沒的水域在夏天時向來沒有浮冰，以至於現今連豪華遊輪都能輕鬆通過這段在十九世紀凍死富蘭克林的水路。

另可參考

- 1100 年〈中世紀的溫暖到小冰河期〉p.37
- 1941 年〈俄羅斯的「冬將軍」〉p.133
- 2014 年〈極地渦旋〉p.189

這張 2006 年的照片拍攝於加拿大北極地區的比奇島（Beechey Island），照片中的基碑屬於英國北極探險家富蘭克林爵士率領的不幸探險隊員。

Stamped Edition, 6ᵈ.

THE ILLUSTRATED LONDON NEWS.

ONE PENNY

REGISTERED AT THE GENERAL POST-OFFICE FOR TRANSMISSION ABROAD.

No 1594.—VOL. LVI.   SATURDAY, MAY 14, 1870.   WITH A SUPPLEMENT, FIVEPENCE } STAMPED, 6D.

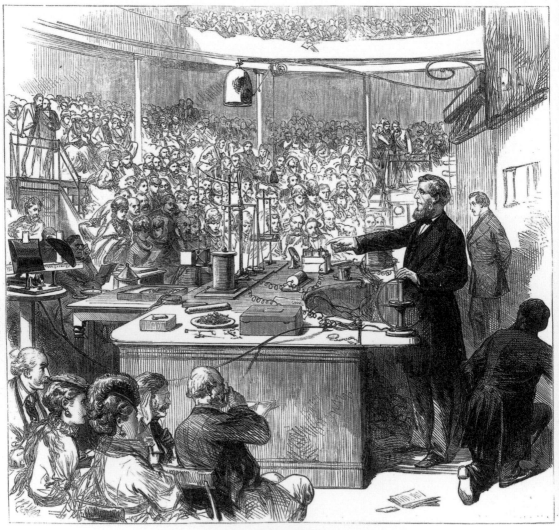

PROFESSOR TYNDALL LECTURING AT THE ROYAL INSTITUTION.
SEE PAGE 510.

科學家發現溫室氣體

一八二四年，法國數學家暨物理學家約瑟夫·傅立葉（Joseph Fourier，1768-1830）成為第一個提出大氣層能調節地球氣候的人。他認為大氣層讓太陽能量以可見光的形式穿過，同時阻擋不可見的輻射熱脫離地球，回到太空。直到三十多年以後，科學家才有能力確認這一點，並能分辨是大氣中哪些氣體在發揮作用。

一八五六年八月，一場於紐約州奧巴尼（Albany）舉行的科學會議上，一名美國業餘科學家暨女權倡議人士，優妮絲·富特（Eunice Foote，1819-88）發表了她進行一些簡單實驗的成果，研究主題是碳酸（二氧化碳）與潮溼的空氣（水蒸氣）對日光加熱能力的貢獻。她必須透過代理人才能報告，因為女性不被允許在會議中發言。在十一月發表的相關論文裡，她觀察到：「我發現太陽光在碳酸氣體中會有最大的效果，」並補充：「以這種氣體形成的大氣層會讓我們的地球溫度上升。」

一八五九年五月，對富特的研究一無所知的愛爾蘭科學家約翰·丁德爾（John Tyndall，1820-93）開始用自己設計的比率分光光度計測量各種氣體如何吸收並散發能量。丁德爾提出報告，說他發現了巨大的差異：空氣中最豐富的成分，也就是氮和氧，對於熱來說，基上是可以穿透的。但較稀有的氣體，尤其是水蒸氣和二氧化碳，對於熱卻有很強大的阻絕效果。

一八六一年，丁德爾說明這些氣體的多寡「可能造成了所有的、經由地質學家的研究所揭曉的氣候突變。」他也在實驗過程中了解到，都市可能會對氣溫造成局部加熱的效果。丁德爾創造了「熱島」一詞──後續的研究已經使這個概念相當完整。

到了世紀末，其他科學家也開始測量因燃燒大量煤炭而累積的大量二氧化碳對於氣候的影響，他們一開始提出的是樂觀的解釋，後來卻愈來愈憂慮。

另可參考

- 1896 年〈煤、二氧化碳與氣候〉p.111
- 1958 年〈二氧化碳的上升曲線〉p.149
- 1967 年〈成熟的氣候模型〉p.157

出生於愛爾蘭的丁德爾於 1870 年 5 月在倫敦的皇家科學研究所（Royal Institution）發表電磁學演講。

宇宙天氣來到地球

十九世紀中葉，工業化國家愈來愈仰賴電報線路通訊，一場太陽的爆炸性干擾更顯示，人類之後必須擔心的不僅限於地球大氣層內發生的暴風雨，還有大氣層外的天氣狀況。

第一個非比尋常的跡象發生在一八五九年九月一日上午的英國。天文學家理查・卡林頓（Richard C. Carrington，1826-75）原本在觀察望遠鏡投射到太陽鏡上的太陽圖像，進行太陽黑子的例行記錄。太陽黑子是太陽表面（相對）低溫的區域，反映的是超熱離子化氣體的紊流球體內部和周圍產生的磁場扭曲。

早上十一點十八分，卡林頓在研究一個少見的大範圍太陽黑子陣列時，驚訝地看到兩個針孔大的亮光出現在黑色區域上。他還來不及找其他目擊者，這個現象就消失了。很幸運的是，另一位天文學家李察・霍奇森（Richard Hodgson，1804-72）也獨立記錄下了這樁事件。

接下來幾個小時裡，世界上許多地方都目擊到這個科學史上至今最強的太陽閃焰所造成的後果。這場太陽閃焰帶來接近光速的 X 光與紫外放射線，重擊地球的外大氣層。速度較慢的「日冕物質噴射」（coronal mass ejection）——數十億噸的高能量電漿雲——則落後了半天才席捲我們這顆行星。

全球的電報系統爆發大混亂。電線冒出的火花嚇壞了接線生，電報紙也因此著火。通常只出現在高緯度地區，因北方天空充滿電子而形成的閃爍極光帷幕，現在則以繽紛的色彩，照亮了從加勒比海到夏威夷的天空。

類似事件的再次發生只是時間早晚的問題。美國太空總署表示，二〇一二年七月差點又舊事重演。根據美國國家科學院的研究，對仰賴電子產品甚深的全球經濟來說，這類事件造成的直接衝擊可能高達二兆美元。二〇一五年，美國總統歐巴馬領導的政府發表了第一個「國家宇宙天氣行動計畫」（National Space Weather Action Plan），呼籲採取一系列步驟，加強準備，降低風險。

另可參考
- 1645 年〈無瑕的太陽〉p.47
- 1960 年〈從軌道看天氣〉p.151

《北極光》（*Aurora Borealis*），美國藝術家丘奇 1865 年繪製，靈感來源是 1860 年北極探險家艾薩克・以瑟列・海斯（Issac Isreal Hayes）的北極光素描。1859 年，一場太陽風暴使得這樣的大氣擾動往南擴散，直達加勒比海。

最早的氣象預報

羅伯特·費茲洛伊（Robert FitzRoy，1805-65）為後世所知的身分，主要是擔任達爾文一八三〇年代小獵犬號傳奇之旅的船長。但是，費茲洛伊也值得以自己的身分獲得名聲（或批評），因為他創造了最早的每日氣象預測，他稱之為「預報」。

英國沿岸無止盡的暴風雨沉船事件使得許多水手失去了生命，費茲洛伊為此感到十分痛苦。光是一八五五年到一八六〇年之間，就有七千四百零二艘船沉沒，超過七千人命喪海洋。費茲洛伊深信能夠透過傳達更好的天氣資訊，減少死亡人數。在一八五九年奪去四百五十條生命的皇家憲章號（Royal Charter）快速帆船沉船災難後，費茲洛伊獲得授權，從一八六一年二月開始為船員提供暴風雨警告服務。

當時做出預報的關鍵是電報。費茲洛伊也設計了一種新型的氣壓計，並開始建立英國最早的氣象局。透過來自氣象觀察員網絡的報告，他得以繪製圖表，預測暴風系統的運動。隨著該網絡的擴張，早一步得知天氣的潛力也變得更好了。當費茲洛伊計算出某個港口有暴風雨的風險時，他就會發電報給當地的官員。根據英國國家廣播公司，費茲洛伊描述預報是「和大風的競賽，要早一步警告前哨」。

最早為一般市民提供的公共氣象預報，於一八六一年八月六日刊登在《倫敦時報》，內容相當基本：

北 —— 溫和的西風；良好。
西 —— 溫和的西南風；良好。
南 —— 清爽的西風；良好。

隔年引進了一套系統，若預測到有大風，會在主要港口升起圓錐狀的信號。費茲洛伊的生涯高峰是於一八六三年出版了《天氣之書：實用氣象學手冊》（*The Weather Book: A Manual of Practical Meteorology*）一書。

另可參考
- 1806 年〈蒲福為風力分級〉p.67
- 1870 年〈氣象學變得有用〉p.91
- 1950 年〈最早的電腦預報〉p.143

英國畫家山謬·藍（Samuel Lane，1780-1859）所繪的費茲洛伊畫像，費茲洛伊是一位英格蘭航海探險家暨氣象學家。

K , STREET, FROM THE LEVEE.

INUNDATION OF THE STATE CAPITOL,

City of Sacramento, 1862.

Published by A ROSENFIELD, San Francisco.

加州大洪水

一八六一年，加州的農夫與牧場主人莫不禱告著降雨，因為他們已經度過了特別乾燥的二十年。到了十二月，他們的禱告獲得了如復仇般的激烈回應，因為一連串強烈的太平洋暴風雨重創北美洲西岸，從墨西哥到加拿大無一倖免。洛杉磯一年降雨量超過一‧五二公尺，這是平均雨量的四倍，造成河水暴漲潰堤，泥水蔓延數英里，覆蓋了乾燥的地表。

一八六二年初，巨量的水已經讓加州中央峽谷區成為一座龐大的內陸湖，範圍長達四百八十二‧八公里，寬達三十二公里。大水淹沒了農田和城鎮，沖走房舍、建築、穀倉、圍欄和橋梁，居民、馬匹與牛隻紛紛溺斃。深達九‧一公尺的湖水完全淹沒了剛剛裝設好、連接舊金山到紐約的電報傳送線桿，使得加州大部分的交通與通訊完全癱瘓一個月之久。植物學家威廉‧亨利‧布魯爾（William Henry Brewer，1828-1910）接連寫了好幾封信給住在東岸的手足，描述他那個冬天與春天旅行到此區時所看見的、超乎現實的悲劇場景。一封一八六二年一月三十一日的信中，布魯爾寫道：

> 整座山谷是一座湖，從山向外延伸，從海岸到山丘都是這座湖的範圍。蒸汽船從距離河二十三公里的牧場載著牲畜等回到山這裡。在這片無邊無際的區域裡，幾乎所有房舍和農田都消失了。這種洪水造成的荒蕪在美國前所未見，舊世界也很少見到這種情況。

水雖然退了，這種災害的發生風險依舊存在。從那時起的研究顯示，在太平洋內與太平洋上方的某些條件，會周期性地為這種現今稱為「天氣河流」（atmospheric river）的天氣系統推波助瀾。它們依舊難以預測，而且也不清楚全球暖化是否會使情況變糟。然而，不難預測的是：下一次將造成更嚴重的財務損失。根據一項研究估計，同樣災害造成的代價將超過七千億美元。

——L. I.

另可參考

- 1871 年〈中西部風暴型大火〉p.93
- 2006 年〈天災裡的人為因素〉p.177

描繪 1862 年初加州大洪水時，沙加緬度市的 K 街市容平版印刷作品。當時的洪水將加州的中央峽谷區變成了一座大湖。

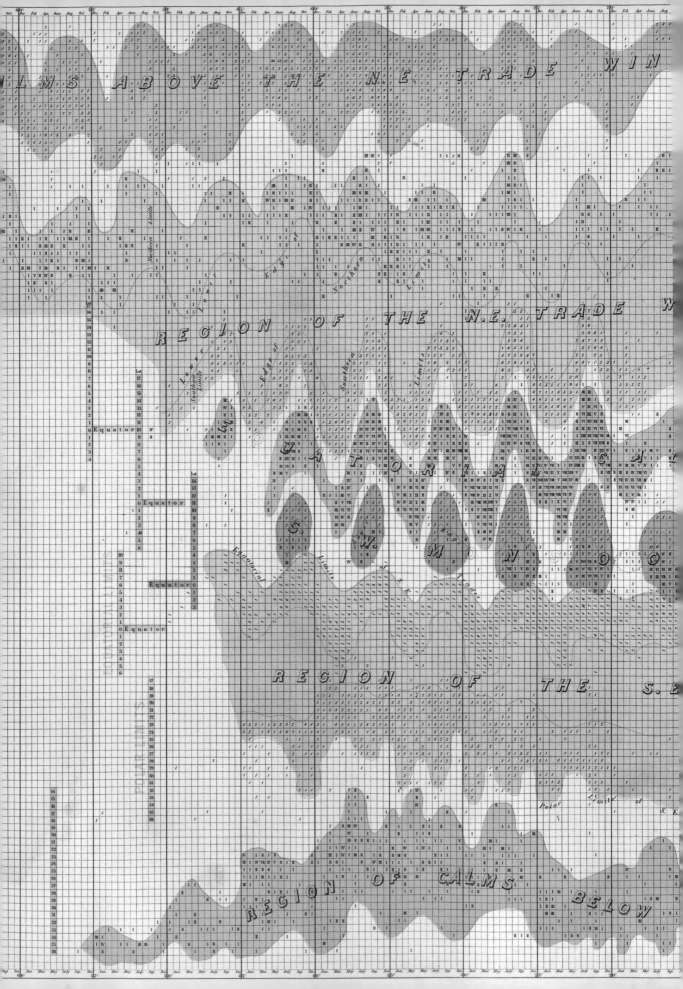

氣象學變得有用

象學在十九世紀中期經歷了重大的轉變，從一個主要只有學術或非正式研究的主題，成為有組織又重要的大眾服務，從農業到公共安全，從航海到軍事戰備，都需要以它做為基礎。對於這項新興科學最早的關注在海洋，因為海上的天氣最能夠決定人的生死，海上的風也能決定貿易與戰爭的成果。

馬修・方騰・毛里（Matthew Fontaine Maury，1806-73）是美國海軍軍官，對科學充滿熱情的他，發展出了一套標準化的方法記錄大氣與海洋條件。他在一八五三年規劃了最早的國際海洋氣象學大會，地點在比利時的布魯塞爾，會議成果則是將十三個國家的氣象報告實務做法標準化。直到現在，毛里的海上風圖和洋流圖依舊令人讚嘆。大英帝國一系列的可怕沉船事件也推動了當地在氣象預報上的努力。

現代的美國國家氣象局奠基於一八七〇年二月二日，當時的尤里西斯・格蘭特總統（Ulysses S. Grant）簽署了國會決議案，授權戰爭部長設立一個機構，「負責在美國內部和各州和其他領土的軍事基地進行氣象觀測……並且透過電磁電報與海上訊號通知北方〔大〕湖區與沿岸暴風雨的遠近與強度。」

同年十一月，第一批由二十四個觀測站的觀察員記錄並整理後的氣象報告，以電報傳送到華盛頓特區。維吉尼亞州阿林頓國家公墓附近一座軍營中現有的電報和軍事信號學校裡，也增設了一所氣象學校。

到了一八七三年，數以千計的郊區郵局都會收到氣象預報，並公告在「農夫布告欄」。一八八一年還增加了一套系統，使用不同模式與顏色的信號旗代表各種天氣情況。（寒潮的旗幟是白底，中間一個黑色方塊。）氣象局在一八九〇年成為民間機構。

另可參考

- 1861 年〈最早的氣象預報〉p.87
- 1950 年〈最早的電腦預報〉p.141

大西洋信風圖，毛里 1851 年所繪，後由迪海文中尉（Lt. E. J. Dehaven）整理美國測量與水文局（U.S Bureau of Ordnance and Hydrography）的資料完成。

中西部風暴型大火

北美洲歷史上範圍與死傷人數最嚴重的一場野火，從一八七一年十月八日到十四日席捲了威斯康辛州東北部與密西根州上方半島區，造成一千二百人到二千四百人死亡，摧毀橫跨一萬五千三百七十八平方公里的林木與城鎮。但是，這場被稱為「佩士提哥大火」（Great Peshtigo Fire）的災難，除了一小群歷史學家以外很少有人知道，因為同時在另一個地方也發生了一場大火 —— 芝加哥大火（Great Chicago Fire），奪走了三百位芝加哥居民的性命，火焰在風勢助長下，從南方席捲這座以木造建築為主的城市。一則生動的傳說則讓這個災難故事流傳得格外長久：據說，這場大火是歐萊瑞太太養的牛踢翻燈籠所引發的。排名第三的大火則燒毀了密西根州約一萬零一百一十七平方公里的範圍。

事後，各式各樣的理論都想找出這幾場大火共通的原因，有人提出是隕石解體造成的災難，但大多數論點都被駁斥了。氣象學家指出，嚴重的夏季乾旱、連續一星期的強風，再加上快速耕種地區普遍使用的、以火來清理土地的做法，才是最有可能的成因。威斯康辛州大火的其中一位目擊者是佩士提哥天主教教區的彼得·裴爾寧（Peter Pernin）牧師，他的描述顯然也為這樣的情境增加了可信度。他描述當地的農夫和鐵路工人固定會「使用斧頭和火加速他們的工作」，並提到在大火發生前幾天看到了很多擴散的火勢。

一個世紀後的一九七一年，威斯康辛州州立歷史學會出版品中有一段裴爾寧牧師令人戰慄的敘述。他描述鎮上的人非常害怕，紛紛聚集到河邊，必須全身泡在水裡才能活命：

河岸上目光所及之處都是滿滿的人站在那兒，如雕像般動也不動，有些人抬頭盯著天空，伸出舌頭。我把站在我兩旁的人推進水裡，其中一人又跳回去，半壓抑著哭聲，喃喃地說：「我弄溼了。」但是泡在水裡總比困在火裡來得好啊。

另可參考
- 1935 年〈塵暴區〉p.131
- 2016 年〈極端的閃電〉p.195

提斯戴爾（G. J. Tisdale）1871 年的作品，以佩士堤哥大火為主題；這場大火造成一千二百到二千四百人喪生。圖中可見居民慌亂地跳入佩士提哥河中避難。

「雪花」賓利

每一片雪花的結晶形狀都獨一無二，這是真的嗎？最近的科學已經確定，對於型態完整的雪花來說，這是真的。然而，早期對「沒有兩片雪花是一樣的」此概念的靈感，出自於十九世紀下半葉一個在佛蒙特州農場上長大的小男孩，他對所有小的、冷的東西都非常著迷。這個小男孩就是威爾森·奧偉·賓利（Wilson Alwyn Bentley，1865-1931），後來被大家稱為「雪花」賓利，因為他對於透過顯微鏡拍攝雪花發展出長達一生的熱情。賓利拍攝的數千張雪花照片，促進了針對降雪如何形成的研究。

賓利從小由曾擔任老師的母親在家指導自學到十四歲，多虧他母親的顯微鏡，他對微小的東西深深著迷。一九二五年接受《美國雜誌》（*The American Magazine*）訪問時，他回憶：「當其他和我同年的男孩都在玩木塞槍和彈弓時，我卻深深著迷於研究這臺顯微鏡下的東西：水滴、小石頭碎片、鳥類翅膀羽毛。不過打從一開始，最讓我難以自拔的就是雪花。」

在閱讀如何透過顯微鏡拍攝照片的書籍後，賓利和母親合力說服了父親購買一臺適合的照相機給他。在後來的文字記述中，他指出這是一筆不小的投資，因為就算在當時，一臺相機也要一百美元。

接著，賓利精進自己的技術。捕捉到雪花時，他會用羽毛把雪花放在鏡頭下。每一個步驟都必須在寒冷的戶外進行，雪的結晶才不會因為拍攝所需的長時間曝光而融化。

賓利過世前不久，他和美國氣象局的物理學家威廉·亨福瑞斯（William J. Humphreys，1862-1949）共同完成了《雪的結晶》（*Snow Crystals*）一書，收錄二千三百張賓利拍攝的照片。這本書至今仍然持續發行。（氣象局在一九七〇年成為美國國家氣象局。）

賓利因肺炎於六十六歲過世，辭世前共拍攝了超過五千個雪花結晶，每一個確實都是獨一無二的。

另可參考

- 1802 年〈盧克·霍華德為雲取名〉p.63
- 1818 年〈西瓜雪〉p.73
- 1888 年〈白色大颶風〉p.105

賓利在 1890 年代到 1920 年代拍攝的雪花結晶照片。

整合北極科學

在太空船第一次呈現人類所居住星球的廣角景觀之前約莫一個世紀左右，來自十二國的研究人員參與了一八八二年到一八八三年的「國際極年」（International Polar Year），試圖得出北極周遭地區最早的全面氣象分析。這項革命性的創舉旨在了解高緯度地區的特殊條件，深入探討從嚴峻的氣象到磁場，從結冰的海洋到閃耀的北極光（或極光）等種種主題。雖然研究站之間無法彼此保持聯繫，只能月復一月地各自從外界蒐集資料，但是每個研究站的儀器校正和記錄方法都經過協調與整合，所以一旦計畫完成，科學家就能整理所有的資訊，完成第一份針對北極此一遙遠地區的初步報告。在接近南極洲的地方比較沒有投入那麼多的研究。

極年計畫的想法來自奧地利探險家暨物理學家卡爾‧魏伯雷（Karl Weyprecht，1838-81）。他在一八七四年完成一場北極圈探險後，便一一拜訪科學組織，鼓勵大家成立一個統一的研究任務。在那之前，根據他一八七五年撰寫的報告《北極探索原則》（The Principles of Arctic Exploration），國際社會對北極的探索頂多只算是一場危險的競賽。他寫道：「各國花費了巨額資金，歷經千辛萬苦，想在冰雪覆蓋的海岬上獲得放上名字的特權——各種語言的名字，卻把增進人類知識放在非常次要的角色。」

當時北極周邊的十四個研究站分別由十二個國家建立：奧匈帝國、丹麥、芬蘭、法國、德國、荷蘭、挪威、俄羅斯、瑞典、英國、加拿大和美國。為了進行研究，各國均經歷重重困難與危險。一支美國探險隊派出二十五人進入極地蒐集資料——最後只有六人返回。魏伯雷在計畫實施前一年過世，但他現在是公認啟發科學重大時刻的人物，這是第一次有來自這麼多個國家與學科領域的研究人員，深度地探索地球的某個部分，追求共享的知識。

另可參考
- 1845 年〈北極探險家的冰冷厄運〉p.81
- 1870 年〈氣象學變得有用〉p.91

荷蘭北極探險隊在 1883 年設置的營地是第一屆國際極年的一部分。

最早的龍捲風照片

從富蘭克林在馬背上追逐旋風，到現在的「追風者」直播，觀測天氣者向來相當執著於近距離觀看龍捲風，並且記錄下自己的所見所聞。隨著照相術的使用在十九世紀末日趨成長，拍攝到最早的龍捲風照片，並且傳達給對此著迷的大眾，只是時間早晚的問題而已。

長久以來，大眾公認最早的龍捲風照片拍攝於一八八四年八月二十八日，當時有四個強大的旋風在達科塔州東南方的霍華市附近形成。當天的襲擊造成了至少六人死亡，可能也是為什麼由羅彬森（F. N. Robinson）拍攝的照片引起這麼多注意的原因。那張照片相當駭人，顯示一個位於畫面中間，被兩側的角狀小旋風夾住的黑色漏斗，捲起了一大片破瓦殘礫形成的雲。在當時，少見或具新聞價值的影像經常被複製在紀念明信片上，羅彬森的照片也是如此。

然而，氣象歷史學家最近得到的結論是，亞當斯（A. A. Adams）一八八四年四月二十六日在堪薩斯州的加內特（Garnett）拍攝的照片，主角雖然是沒那麼嚴重的暴風，但最有可能才是史上第一張龍捲風照片。由亞當斯拍攝的照片顯示出一條繩索狀的龍捲風，可能已經快要消散了。（考慮到當時架設笨重的照相機與記錄影像可能需要的時間，這點並不令人意外。）亞當斯和羅彬森一樣，也賣紀念明信片與立體照片。所謂的立體照片就是將兩個影像放在一起，透過立體鏡觀看，創造出立體效果。

普渡大學的氣象學家約翰·史諾（John T. Snow）是最致力於釐清這些早期龍捲風照片時間順序的人，他在一九八四年的《美國氣象學會期刊》（*Bulletin of the American Meteorological Society*）發表論文，一方面得出結論，「可能永遠無法找到關於辨識最早的龍捲風照片的決定性聲明」，一方面也提出各種來源的證據，支持亞當斯是最早的拍攝者。

另可參考
- 1755 年〈追風的富蘭克林〉p.57
- 1973 年〈追風獲得科學支持〉p.159

有幾張十九世紀的照片據說是這類影像的最早紀錄，但是最近的研究把這項榮譽給了亞當斯在 1884 年 4 月 26 日於堪薩斯州中央市拍攝的這一張照片。

土撥鼠日

每年二月二日，成千上萬來自全球各地的人會聚集在賓夕維尼亞州旁蘇托尼（Punxsutawney）的戈布勒小丘（Gobbler's Knob），參加一場在日出前開始的儀式，等待一隻非常特別的土撥鼠進行春天的預測。在源自古老傳說的儀式裡，這隻叫做旁蘇托尼·菲爾（Punxsutawney Phil）的生物能夠預測天氣，牠會從假樹幹做的窩裡被拉出來，莫名地被一群戴著高帽子的官員包圍，並在歡呼聲中被拋高。

土撥鼠日（Groundhog Day）是冬至到春分的中間點。早期的基督徒可能是受到異教傳統的影響，有和聖燭節相關的天氣預測習俗。古老的蘇格蘭俗語說：「聖燭節晴朗明亮，冬天便長達兩季。」德國的版本則是，如果刺蝟在聖燭節出現影子，那麼冬天就還會延續六星期，或者說是「第二個冬天」。

定居賓州的德國移民開始在儀式中改用土撥鼠，他們在夏季時會捕捉並喜愛食用這種動物。旁蘇托尼的土撥鼠預報於一八八六年二月二日成為官方活動。在那一天，當地報紙的城市編輯克利墨·傅立茲（Clymer H. Freas）宣布旁蘇托尼的土撥鼠菲爾是美國唯一真正的氣象預報土撥鼠。當地人堅持，從那時至今都是同一隻土撥鼠在預報氣象，牠靠著特殊的長生不老藥活到現在。（該物種的平均壽命其實是六到七年。）

菲爾的預測到底有多準確呢？負責照顧菲爾的「旁蘇托尼土撥鼠俱樂部」從戈布勒小丘自一八八七年第一次大排長龍以來，便持續記錄菲爾的預測。在二〇一七年，PennLive.com 網站刊登了一篇文章，總結對於預測與實際冬季氣候的詳盡分析結果，結論是：「計算顯示，在現有的一百一十七年紀錄中，菲爾和牠的翻譯者準確度大約是六五％。」

這個俱樂部的成員將錯誤歸咎於人為因素。在 PennLive 這篇文章中，俱樂部的土撥鼠管理員容恩·普勞查（Ron Ploucha）解釋：「可惜有幾年〔俱樂部〕主席錯誤解讀了菲爾的意思。」並補充道：「菲爾永遠不會錯。」

另可參考

- 西元前 300 年〈中國從神話學到氣象學〉p.33
- 1792 年〈農夫曆〉p.61

從十九世紀末開始，旁蘇托尼·菲爾就從牠位於賓州的窩做出預言。

使風工作

風已經被人類利用了好幾千年，最早是用風推進帆船，讓人從尼羅河前往愛琴海，進入太平洋。大約二千五百年到三千年前，波斯的農夫也利用風力推動水來研磨穀物。風力在中東和歐洲都受到普遍使用。風車從中世紀開始就是荷蘭最具特色的風景，用途也有許多種，其中之一就是協助潮溼的低地排水。

但是，關鍵大躍進出現在一八八〇年代，當時最早的風機發電設備同時出現在大西洋兩岸。一八八七年，蘇格蘭教授暨工程師詹姆斯・布萊斯（James Blyth，1839-1906）實驗了三種風力發電機的設計，最後安裝了一個小型的風力發電機為他的度假小屋燈泡供電。

特別值得一提的是發明家查爾斯・布拉許（Charles F. Brush，1849-1929）於一八八七到八八年的冬天在克里夫蘭自宅土地上建造了一具風力發電機，重達四十噸，可製造一萬二千瓩的電。布拉許當時已經因為發明了可產生電力的電動機與弧光燈系統而致富，到了一八八一年，這些燈已照亮了從波士頓到舊金山，以及海外城市的夜空。他成立布拉許電力公司（Brush Electric Company），最後和其他公司合併，成為奇異公司（General Electric）。

布拉許的風力發電機非常大，除了直徑達十五・二公尺的風車輪，還有一百四十四道葉片。這個系統持續為他的宅邸供電達二十年。

二十世紀由於使用燃煤與天然氣的工廠數量快速擴張，扼殺了風力發電的發展，但一九七〇年代的能源危機引發了復甦潮，隨著對汙染與氣候變遷的憂慮，這股潮流更是加速發展。

截至二〇一七年，從上海到德州已經安裝了超過二十四萬臺風力發電機，在沿海地區以及陸上安裝風機的規劃也持續擴大中。

另可參考

- 1571 年〈帆的時代〉p.39
- 1896 年〈煤、二氧化碳與氣候〉p.111

1887-88 年冬天，發明家布拉許在克里夫蘭自宅後院建造了一座風力發電機。

白色大颶風

一八八八年三月十一日下午，美國東北部開始降下一場小雪。隔天早上，地面上已經有四十五・七公分的積雪，但這只是開始而已。到了午夜，積雪已達八十三・八公分。而且雪還在下。當這場後來被稱為「白色大颶風」的雪在三月十四日掃過新斯科細亞時，約一百零六到一百二十七公分高的積雪已經癱瘓了康乃狄克州、麻薩諸塞州、紐澤西州以及紐約州的許多地區。約有兩百艘船從乞沙比克灣（Chesapeake Bay）南下到緬因州避難。

儘管很多人都以為這是一場白色大颶風，它實際上是一場暴風雪，但暴風雪一詞直到一八七〇年代才開始使用。美國氣象局定義，暴風雪指的是含有大量的雪，和／或風速超過每小時五十六公里，能見度少於〇・四公里，持續超過三小時的風暴。暴風雪的條件傾向在暴風的西北側發展，因為中央的低壓以及西方的高壓會加強循環。被增強的風蒐集雪之後會吹散到周圍，創造出能見度為零的嚴重降雪。

一八八八年，大風等級的風力在紐約市等大都會區造成了高達十五・二公尺的降雪量。（這場暴風雪也說服了市政官員建設地下鐵系統。）紐約州的奧巴尼市全面停擺；而且因為無法運送煤炭，數千名居民沒有暖氣可用。由於鄉下的道路完全無法通行，醫生也無法前往住家診療。最後，有超過四百人死於一八八八年的暴風雪，其中半數的人位在紐約市，是美國史上最嚴重的冬季風暴死亡人數。

另可參考

- 1911 年〈北美寒潮〉p.121
- 1934 年〈最快的風速〉p.129

1888 年的紐約市暴風雪至今仍被視為史上最嚴重的一次，主要原因是現代技術已經減緩了極端降雪造成的困難。

致命雹暴

冰雹可能造成恐怖的災害，財產損失高達數十億美元，有時候甚至會使找不到避難所的人喪命。這些在強烈風暴中因風雪沉澱形成的冷凍小圓球，偶爾能達到壘球的大小，重量最多兩磅（九百零七克）。

現代歷史上最嚴重的冰雹死亡人數發生在一八八八年四月三十日的印度，共二百四十六人死亡；一九八六年四月十四日的孟加拉也有據報大小如葡萄柚的冰雹出現，造成九十二人死亡。二〇一七年，世界氣象組織（World Meteorological Organization）判定一八八八年的事件是史上最嚴重的致命雹暴。

但跡象顯示，喜馬拉雅山脈曾經發生更嚴重的神祕災害，造成了高達六百人受害。至少目前為止，金氏世界紀錄依舊將「嚴重的致命雹暴」頭銜給了這場發生於西元八五〇年的事件。

這場天災導致的戰慄景象，是英國的園林官一九四二年探索魯普坤湖（Roopkund Lake）時發現的，這座小小的藍色湖泊被結凍的碎石斜坡環繞著，水源則來自融化的冰川。透過清澈的湖水，可以看到頭骨與其他遺骸部位。由於當時正值二次世界大戰，一開始的理論認為這是一支試圖翻越山脈卻遇難的日本軍隊。但很快地，大家開始清楚知道遺骸的年代非常久遠，只是被寒冷的天氣保留了下來。

直到二〇〇四年，這六百人的死亡原因才被揭開：國家地理頻道派出一隊鑑識科學家，判定這些遺骸的生存年代為西元八五〇年，並且驚駭地發現死者的頭部與肩膀似乎都受到鈍器重擊。他們認為，唯一可能的原因就是冰雹。

另可參考
- 1911 年〈北美寒潮〉p.121
- 1975 年〈揭開危險的下暴流〉p.161

印度喜馬拉雅山脈魯普坤冰川湖裡保存的人骨。魯普坤冰川湖是西元 850 年致命雹暴的發生場景，並因此獲得恐怖的「人骨湖」之名。

最早的國際雲圖集

觀察力敏銳的藥劑師霍華德在一八〇二年的演講中提出了將雲分類的想法，但那只是個開頭，此後氣象學家與有志一同的業餘天氣愛好者便持續不懈地努力，想辨識並了解這些大氣層轉瞬即逝的特徵究竟存在什麼明確的模式。到了十九世紀末，已經出現了很多雲圖集，而「世界氣象組織」的前身便嘗試協調整合，出版一份標準的參考資料。

為了建立一套標準的描述，讓所有科學家都能運用，亦能做為教學使用，「雲委員會」篩選了各種術語、影像、方法。第一版的《國際雲圖集》（*International Cloud Atlas*）於一八九六年出版，以彩色照片為特色——當時極為稀有——說明各種我們熟悉的雲的類型，例如捲雲、積雲，還有其他更戲劇化的形狀，例如在某些嚴重的雷雨下方會看到的、小圓塊的乳狀雲。增加對比的創新照相方法也幫助了天氣學家，讓他們能夠捕捉到反射在平靜湖面或是深色鏡面上的雲的影像。

每過一、二十年，《國際雲圖集》就會推出更新版，反映出更多樣化的雲，並收錄更精緻的影像。如同一八〇二年霍華德以雲的分類刺激了天氣學這個領域的發展，現今的業餘天氣愛好者還是會為專業氣象學家提供見解。在審視過英國的賞雲協會（Cloud Appreciation Society）與愛荷華州錫達拉皮茲（Cedar Rapids）的賞雲組織提出的建議與影像後，二〇一七年版的雲圖集增加了一種新的雲，稱為糙面雲（asperitas cloud）。如今，我們只要連上 wmocloudatlas.org 網站便可看到雲圖集，瀏覽驚人的影像庫，當中包括了波浪狀、束狀的糙面雲，還有被稱為「穿洞雲」的洞雲（Cavum）等其他各種新的雲。

另可參考

- 1802 年〈盧克‧霍華德為雲取名〉p.63
- 1806 年〈蒲福為風力分級〉p.67

2017 年，《國際雲圖集》增加了一批新的雲，其中包括洞雲，又稱雨旛洞雲（fallstreak）或「穿洞雲」。這些特徵通常會出現在由超級冷卻的水滴所形成的雲，大部分是圓形的，但飛機通過時也可能形成拉長的雨旛洞雲。這張照片攝於 2016 年 11 月的密西根州安納保。

煤、二氧化碳與氣候

十九世紀接近尾聲時，透過瑞典化學家史帆特·阿瑞尼斯（Svante Arrhenius，1859-1927）的研究，二氧化碳、氣候、煤（和其他化石燃料）的使用量增加，這三者之間的關連性逐漸顯現出來。阿瑞尼斯對氣候與地質學非常感興趣，這方面研究的第一步來自他於一八九六年四月發表的重要論文：〈論空氣中的碳酸對地面溫度的影響〉（"On the Influence of Carbonic Acid in the Air upon the Temperature of the Ground"）（「碳酸」是當時對二氧化碳的普遍稱呼）。如歷史學家弗萊明所描述，阿瑞尼斯彙整其他科學家的發現，建立起一個能量流動塑造氣候的模型，當中包括了可能放大或抵銷來自二氧化碳與水蒸氣的暖化影響。阿瑞尼斯說明了如何利用空氣中二氧化碳濃度的顯著上升或下降，解釋冰河時期與溫暖區間的時間長度。

阿瑞尼斯在一九〇八年出版，現在看來極有先見之明的《形成中的世界》（*Worlds in the Making*）一書中表示，將二氧化碳自空氣中移除的自然過程，趕不上燃燒化石燃料的速度。「只要煤炭、石油等燃料的消耗速度維持目前的數字，空氣中的碳酸百分比必然會以固定的速率增加，如果依照目前的情況，也就是這樣的消耗持續增加，那麼碳酸增加的速率也會更快。」他寫道。

他假設二氧化碳與溫度的上升是漸進的，於是預測了對未來的好處（而非風險）：「大氣層中碳酸百分比增加造成的影響，使我們可望享有更穩定、更良好的氣候，尤其是對地球上較寒冷的區域而言，將迎來作物收穫比現在更豐碩的時代，這有益於人口快速增加的人類。」

從一九三〇年代英國工程師蓋·卡蘭達（Guy Callendar，1897-1964）做的全球暖化計算，到一九五〇年代加拿大物理學家吉爾伯特·普拉斯（Gilbert Plass，1920-2004）的計算結果，愈來愈多的觀察與見解都讓基礎科學更加扎實，卻也導向了一個令人更不安的預測。

另可參考
- 1856 年〈科學家發現溫室氣體〉p.83
- 1958 年〈二氧化碳的上升曲線〉p.149
- 1967 年〈成熟的氣候模型〉p.157

研究二氧化碳如何影響氣候的瑞典科學家阿瑞尼斯，照片攝於約 1920 年。

大風暴

一九〇〇年九月八日，在颶風還沒有名字的前幾天，一場劇烈的風暴摧毀了德州加耳維斯敦市（Galveston）。至今，這場風暴還是美國歷史上最嚴重的天災，估計造成六千到一萬二千人死亡。在此之前，加耳維斯敦市一直是美國墨西哥灣沿岸的珍珠，是自認可和紐奧良市一爭長短的富裕之都。偉大的莎拉‧伯恩哈特（Sarah Bernhardt）曾在這裡的歌劇院獻唱，德州最早的電話與最早的電燈也安裝在這裡。直到九月的那一天之前，加耳維斯敦市都是未來之都。

這場風暴的恐怖屬於現在所謂的四級颶風，啟發了那首令人難忘的歌曲：〈那不是場大風暴嗎〉（"Wasn't That a Mighty Storm"）。這首歌最早由牧師「罪殺手」葛里芬（"Sin-Killer" Griffin）錄製，描述「死神從海上咆哮而來，死神召喚你，你非走不可」。

風暴過後，加耳維斯敦市建造了一道高五‧二公尺，最後延續達十六公里長的海堤。而在另一個更驚人的土木工程奇觀中，負責「升級」的工人將加耳維斯敦市的建築抬高了數英尺（有些被提高超過十英尺，即三公尺），以便將疏浚後的土壤填充在下方。重建工作花費了十年以上，但並沒有讓加耳維斯敦市重返舊日榮光。一九一四年完成水道深處疏浚的休士頓已經搶走了大部分從加耳維斯敦市流失的商業與工業活動。

不幸的是，墨西哥灣沿岸將在數次風災中面臨更多的死亡與毀滅。二〇〇五年，紐奧良的洪水牆和堤防無力抵擋卡崔娜颶風（Hurricane Katrina），造成一千二百四十五名以上的民眾死亡。卡崔娜颶風是美國史上損失最慘重的天災，根據美國國家颶風中心（U.S. National Hurricane Center）估計，紐奧良地區與密西西比沿岸的損失達七十五億美元。墨西哥灣沿岸的其他城市居民都知道，海平面上升與氣候變遷會使他們受災的機率上升，有一天他們可能也要面對這樣的大風暴。

——J. S.

另可參考

- 1888 年〈白色大颶風〉p.105
- 1931 年〈「中國的哀傷」〉p.127
- 2006 年〈天災裡的人為因素〉p.177

1900 年颶風摧毀德州加耳維斯敦市之後，一名女性走過第十九街的斷瓦殘礫。

「製造天氣」

從很久以前開始，人類就想盡辦法要在天熱時獲得涼爽，以便在熾熱的沙漠氣候與熱得冒煙的叢林中發展出社會組織。在古羅馬，有錢人家的牆壁裡埋有水管，靠著循環冷卻水以降溫。曾有位帝王下令要驢子拖著上噸的雪到他的花園裡。二〇〇年左右，一位中國工程師替皇宮製作了循環扇系統，由奴隸轉動把手提供動力。

到了十九世紀中期，佛州的醫師約翰·葛瑞（John Gorrie，1803-55）期望能冷卻城市，緩和居民免受「高溫惡魔」所苦。他從醫院開始，設計了以冰為基礎的最初階系統，藉此冷卻患者的房間。但還需要半個世紀，年輕工程師威利斯·開利（Willis Carrier，1876-1950）才讓普遍又平價的空調得以出現──這是人類與天氣最重大的單一改變。

開利於一九〇二年在水牛城鍛造公司（Buffalo Forge Company）工作時，被要求解決某間印刷廠內潮溼的問題。透過一系列實驗，他設計出一套利用填滿冷卻劑的線圈來控制溫度與溼度的系統，並為自己的「空氣處理設備」申請了專利。大約同一個時間，通風設備專家阿福瑞·沃夫（Alfred R. Wolff，1859-1909）也設計出了最早的、專門用來冷卻人潮擁擠房間的系統──第一臺於一九〇三年安裝在紐約證交所。

開利和夥伴在一九一五年成立以他為名的公司，口號是「配合需求，製造天氣」。到了一九二〇年代，空調的使用從印刷廠與糖果製造工廠快速擴散到電影院與百貨公司，提供「舒適涼爽」。

平價的家庭用冷卻機型促使炎熱的美國南方郊區擴大發展，現今空調也成為全球都市成長的關鍵。然而，這些蓬勃發展同樣創造了新的挑戰：某些冷卻劑散逸到空氣中時會加重全球暖化，額外的電力需求亦將導致化石燃料使用增加，空氣汙染惡化、溫室氣體增加。

另可參考
- 1830 年〈人人可用的雨傘〉p.75
- 2012 年〈平息火熱紛爭〉p.187

一名 1960 年代的女性擺出姿勢與她的冷氣拍照，這種舒適的設施在二十世紀初首次出現，大幅改變了人類與天氣的關係。

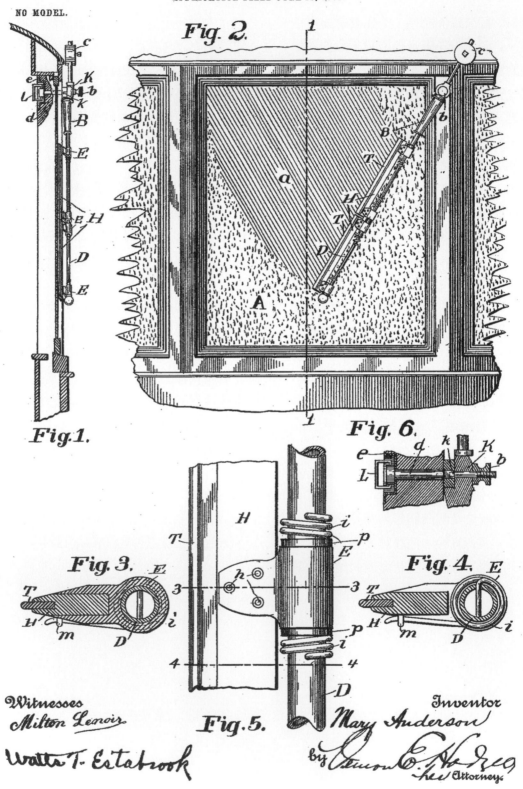

No. 743,801.

PATENTED NOV. 10, 1903.

M. ANDERSON.
WINDOW CLEANING DEVICE.
APPLICATION FILED JUNE 18, 1903.

NO MODEL.

Fig. 2.

Fig. 1.

Fig. 3.

Fig. 6.

Fig. 4.

Fig. 5.

Witnesses
Milton Lenoir
Watts T. Estabrook

Inventor
Mary Anderson
by Cannon C. Hodges
his Attorney.

雨刷

暴風雨的日子裡，擋風玻璃前的雨刷能使高速行駛的車輛保持清晰的視野。雨刷現在就像鞋帶或牙刷一樣不起眼，彷彿本來就是那樣；但是這個裝置最早的可用版本，其實是一九○二年某個冬日，由阿拉巴馬州地產開發商瑪莉·安德森（Mary Anderson，1866-1953）在紐約市的電車裡構思而來的。她注意到在行進時，駕駛電車的司機必須把兩片擋風玻璃都打開，因為他沒辦法清理不斷累積的雨雪。

根據許多記載，安德森當場就開始繪製解決方法，等她回到阿拉巴馬州的家後，便在一位設計師和當地公司的協助下製作機械模型。一九○三年十一月十日，安德森獲得美國專利號七四三八○一，內容包括她簡潔的描述：

可以看到這是一個簡單的機械裝置，可將司機前方玻璃上的雪、雨、雨雪清除；他只需握住 L 形把手，朝一個方向轉動就能清理窗格。彈簧會在清潔器上作用，控制橡膠與玻璃保持接觸，既有足夠的壓力清潔玻璃，同時又有足夠的空間彈性，不會因撞擊到障礙物而失效。這樣一來，將有效排除暴風雨時前方玻璃視線不良的問題。

安德森努力想賣出這個發明，最後卻徒勞無功，她的專利在十七年後失效，當時汽車產業尚未進入革命性的蓬勃發展時期。後來也有人發明了其他版本。一九二二年，凱迪拉克公司成為第一間將雨刷列為標準配備的車廠。

二○一一年，安德森正式獲選進入美國發明家名人堂（National Inventors Hall of Fame）。

另可參考
- 1830 年〈人人可用的雨傘〉p.75

安德森在 1903 年的專利窗戶清潔設計圖示。

乾燥的發現

　　提到乾燥地帶，很難不聯想到被太陽烤乾、冒著騰騰熱氣的典型沙漠。確實，世界上最乾燥的地點名單上主要都是這類地方──從埃及亞斯文水壩（Aswan Dam）周邊的沙漠，到地球上第二乾燥的智利亞他加馬沙漠（Atacama Desert）都是；亞他加馬沙漠有些地點因為東邊和西邊都被山脈阻擋，據信已五百年沒下過雨。事實上，美國太空總署的科學家已用亞他加馬高原代替火星來進行某些研究。

　　但是，全世界最乾枯、最與世隔絕的地方，其實在南極洲──這片大陸被一片結凍的、厚度約達一・六公里的防水層覆蓋。這裡的麥克馬多乾燥谷（Murdo Dry Valleys）幾乎完全沒有水分，因為來自內部的冰層流動會受到高山的阻擋，來自極地高原的高密度冷空氣則從內部沿著斜坡往下流動，在有時速度達到颶風等級的大風中下降並加熱，使大氣失去水分。

　　乾燥谷最早是一九〇三年十二月十八日被羅伯特・法爾康・史考特（Robert Falcon Scott，1868-1912）領導的探險隊發現的。史考特是英國皇家海軍軍官，也是一九一二年在第二次探險中與四位成員一同抵達南極的探險家，可惜試圖從極點返回南極洲沿岸時，他與其他隊員不幸身亡。

　　在第一趟旅程裡，史考特短暫探索了這座谷地的某一區，但沒停留太久。事後他寫道：「我們沒看到任何生命，甚至連苔蘚或地衣都沒有；在非常接近內陸的冰磧石堆之間，我們只找到一隻威爾德海豹（Weddell seal）的骨骸，完全猜不透牠是怎麼來到這裡的。這裡完全是一座死亡谷，就算最宏偉的冰河曾經穿過這裡，都已凋零消散。」

　　在史考特第二次探險時，已有另一支隊伍更仔細地探查了乾燥谷，最近幾十年這裡也曾進行密集的調查研究。儘管氣候嚴峻，科學界依舊發現，這裡居住了一群「嗜極端」有機體，能夠忍受對大多數生命有害的生存條件。

另可參考
- 1935 年〈塵暴區〉p.131
- 1983 年〈地球上最冷的地方〉p.165

─────────────

南極洲維多利亞島上的賴特谷曾經被冰河占據，現在已經沒有冰，也沒有降雨。這座谷以賴特爵士為名，他是 1910 年英國南極探險隊的成員。

北美寒潮

在溫帶地區，強大的冷鋒偶爾會造成環境一下子從溫和轉變為嚴酷。但是像一九一一年十一月十一日，以格外廣大的範圍與強度席捲美國心臟地區，贏得「北美寒潮」（Great Blue Norther）之名的這種天氣系統，依舊相當少見。

美國氣象局近年針對此一氣象里程碑的分析指出，當時的成因可追溯到兩天之前，在加拿大亞伯達省上方形成的大範圍高壓系統。當來自洛磯山脈的強大低壓系統往東推進愛荷華州和密蘇里州，便使前方超乎尋常溫暖的空氣往北移，於是冷空氣便接著往下流動。

根據密蘇里州立大學在百年紀念時做的研究，北方寒潮大約在下午兩點抵達密蘇里州的哥倫比亞市，使溫暖的微風轉變成呼嘯的北風。短短一小時裡，氣溫就從華氏八十二度降到三十八度（攝氏二十七‧八度降到三‧三度），到了午夜，溫度已下探華氏十三度（攝氏負十‧六度）。

從密蘇里州春田市發出的天氣快報指出，大約下午兩點半時，「濃密的綠黑色雲層沿著西方的地平線升起。」這一帶的數十個社區都看到了同樣不尋常的天氣模式。

強烈的大雷雨和龍捲風摧毀了許多城鎮，從密西西比河谷到北方大湖區周邊各州都災情慘重，有十餘人喪生。

氣象局表示，芝加哥在二十四小時內，共有一名男性被熱死，兩名男性被凍死。

這個天氣系統移動到東岸時，依舊維持強大的破壞力；據報，新英格蘭海岸附近有一艘駁船被風吹離固定的拖船，造成十四名船員喪生。

另可參考
- 1888 年〈白色大颶風〉p.105
- 1934 年〈最快的風速〉p.129

1911 年 11 月 11 日，因超級冷鋒導致的一場龍捲風摧毀了密西根州的奧沃索（Owosso），包括這間同樣受害的家具工廠。

軌道與冰河時期

從十九世紀中葉起，隨著過去大型冰河時期與溫暖區間——目前地球正處於溫暖區間——的循環愈來愈為人所了解，也促使各界開始對此尋找解釋。最早指出應該跳脫地球環境探討此一議題的學者之一是詹姆斯‧柯洛（James Croll，1821-90），他認為，應該要探討的是地球軌道與朝向太陽方向的輕微變化。柯洛是一位了不起的傑出人士，他在格拉斯哥一所大學博物館擔任工友時，靠著借書閱讀，自學物理學與天文學。

後來，柯洛開始和專研冰河時期的頂尖分析學者查爾斯‧利耶爾通信，最後因此在蘇格蘭地質調查學會（Geological Survey of Scotland）獲得一項職位。一八七五年，他在一本書中清楚說明了他的計算和概念，這本書的書名也很恰當地掌握了當代的問題：《氣候與時間，以及它們的地質關係》（*Climate and Time, in Their Geological Relations*）。他計算出，在以數萬年為單位的時間軸上，某些時期北半球得到的陽光照射會稍微偏少，導致積雪與冰河時期的發生。但在當時，這個概念受到了強烈的反對。

下一位探索這類關係的是塞爾維亞工程師米盧廷‧米蘭科維奇（Milutin Milankovi ，1879-1958），他也是一位數學家，在二十世紀初開始著迷於天文學和氣候歷史。米蘭科維奇從一九一二年開始，花費了十多年，想以數學方式說明地球軌道與朝向太陽方向的三項變數，如何定期造成了積雪不融的夏天，並創造出可能建立厚重冰層的動態。他的專題論文〈地質歷史的氣候〉（"Climates of the geological past"）發表於一九二四年，並引發了之後數十年的爭論。

隨著科學家利用碳與氧同位素的變化，發展出了為地球物質與海洋浮游生物化石定年的方法，證據也開始累積。雖然還有很多問題尚未得到答案，但是米蘭科維奇的理論已經獲得強大的支持，因為一九七六年發表的一篇關鍵論文已經確認，從海床抽出的分層沉積物確實反映了這個基本周期。

另可參考

- 1840 年〈揭露冰河時期〉p.77
- 1859 年〈宇宙天氣來到地球〉p.85
- 1993 年〈冰與泥中的氣候線索〉p.175

太陽從地球地平線升起的照片，由國際太空站於 2013 年拍攝。從十九世紀末到米蘭科維奇開始進行關鍵研究的 1912 年，科學家已經建立了合理的理論，說明冰河時期的成因是地球朝向太陽的方向的些微變化所造成。

「預報工廠」

利用代表大氣條件的數學方程式來預測天氣的想法，是挪威氣象學家威廉·皮耶克尼斯（Vilhelm Bjerknes，1862-1951）在一九〇四年形成的。第一位想實踐這個理論的人則是英國數學家路易斯·福萊·李察森（Lewis Fry Richardson，1881-1953），他對於將科學付諸實用有強烈的熱忱。舉例來說，一九一二年鐵達尼號的沉沒使他感到驚恐，於是展示了一種利用船隻發出的號角聲來判斷冰山位置的方法，也成功取得了專利。

將氣象預測數字化的想法被提出來後，又過了幾十年才出現有能力處理大量數字、進行相關計算的電腦，但知識基礎已經成形，能為天氣與氣候模型提供基本理論。

一九一六年，李察森首次測試他的方法，涉及使用一組算式，以三維呈現大氣動力學。他的任務是為中歐地區產出從五月二十日早上七點開始的六小時「預測」，而且他選擇的是一九一〇年！天氣預測的關鍵步驟是充分了解初始條件，才能預測隨著時間過去會發生什麼樣的變化。李察森之所以選擇這一天，是因為他有皮耶克尼斯記錄的溼度、大氣壓力、風力等大量資料。他在第一次世界大戰期間英勇擔任救護車駕駛員，並利用空閒時努力進行這項工作，花了接下來的兩年辛苦計算，以完成預測。

最後，李察森計算出來的預測並不正確，也勇敢地在他那本著名的、一九二二年出版的《以數學處理天氣預測》（*Weather Prediction by Numerical Process*）書中加以解釋，並依舊深信這個方法是健全的。在書中，李察森想像會有一座利用人類「計算員」的「預報工廠」，由一位中央協調員主持，共六萬四千人處於一座類似圓形競技場的巨大建築裡，每個人為自己分配到的地球某處進行計算。

最早的電子化電腦計算氣象預報成果，由朱爾·恰尼（Jule Charney，1917-81）等人於一九五〇年在馬里蘭州亞伯丁的亞伯丁實驗場（Aberdeen Proving Ground）完成。這則消息使李察森激動興奮不已，稱之為「重大的科學進展」。

—— P. D. W.

另可參考

- 1861 年〈最早的氣象預報〉p.87
- 1950 年〈最早的電腦預報〉p.141
- 1967 年〈成熟的氣候模型〉p.157

藝術家史蒂芬·寇林（Stephen Conlin）於 1986 年根據李察森的氣象「預報工廠」繪製的作品。

「中國的哀傷」

很多大河都同時扮演富庶和危險的源頭，一方面提供豐饒的土壤、貿易的路線、充足的水源，一方面也帶來毀滅性的洪水。最能夠表現這種模式的就是中國黃河蜿蜒的流域。歷史學家描述，黃河是中國文明的搖籃，但也是「中國的哀傷」，當黃河定期暴漲，周邊泥地潰堤時，便會造成極重大的傷亡。

過去四千年裡，黃河已經氾濫了超過一千次。災情特別嚴重的次數屈指可數，每一次都會帶走百萬條以上的生命。其中最嚴重的一次發生在一八八七年，當時有九十萬到二百萬人喪生。一九三一年那次，八十八‧〇六平方公里的土地遭到淹沒，數千萬人流離失所。暴漲的河水與後續的疾病、饑荒造成的死亡人數不一，約在八十五萬到四百萬人之間。同一年，長江和淮河也出現可怕的水患。

大多數發生洪水的年分是因豪雨造成，但在研究黃河為什麼是世界上造成最多死亡人數的河流時，若關注於氣象學，其實是轉移了注意力。事實上，黃河的危險主要來自於人口和土地利用的變化，以及數百年來人類試圖控制黃河河道所做的努力。換言之，也就是對抗黃河運輸的大量沉積物──黃河之名的由來──所產生的強大動態。

河中大部分沉積物是沖刷青藏高原堆積數百萬年的深層細黃沙而來，大部分黃沙是在七百到八百萬年前的涼爽乾燥時期，被沙漠的風吹送到了高原上。在下游，沉積物隨著時間沿著河道沉積，使主要河道的高度最後高於周圍平原──在某些地方，河床甚至高出地面達九公尺。在約三個世紀前到達高峰期的模式中，試圖駕馭這條河流只會使長期風險更加惡化。

另可參考
- 1900 年〈大風暴〉p.113
- 1953 年〈北海洪水〉p.147

2008 年沿著澎湃洶湧，偶爾帶來重大災情的中國黃河所拍攝的壺口瀑布照片。

最快的風速

新罕布夏州的華盛頓山（Mount Washington）雖然海拔高度有一千九百一十七公尺，是美國東北部最高的山峰，但它還是比聖母峰矮了六千九百三十一‧五公尺。然而，美國高峰的冬季風力和天氣條件，卻足以與喜馬拉雅高山的風力和天氣條件相匹敵。

華盛頓山因其位置成為北美風暴系統幾條主要路徑的交匯處。噴流（jet stream）帶著風暴由西邊跨越山頭前往東邊時，會被該州總統山脈的南北向阻擋住，使得噴流的風與沿著海岸由南向北移動的天氣系統交會。此外，華盛頓山位於漏斗變窄的喉部，因此來自東北方的風會被引導至它的所在地。陡峭的西側山勢更進一步壓縮了被困在漏斗中的風。

綜合這些因素，華盛頓山成為地球上最多風的地方之一。平均每年有一百一十天可在山峰上觀測到強風呼嘯。

位於山頂，經常被冰雪覆蓋並結霜的天文臺曾維持了近六十二年的最快陣風速度紀錄：天文臺工作人員在一九三四年四月十二日記錄到一陣時速高達三百七十二公里的疾風。不過，此紀錄在一九九六年被打破了，在奧利維亞颱風（Typhoon Olivia）期間，澳大利亞巴羅島（Barrow Island）的一個無人氣象站記錄到了時速四百零七公里的陣風。

然而，華盛頓山上的陣風仍然是人們直接觀測到的最高地面風速。那天，華盛頓山天文臺的工作人員，包括薩瓦多爾‧佩琉卡（Salvatore Pagliuca）、艾利克斯‧麥肯席（Alex McKenzie）和溫德爾‧史戴夫森（Wendell Stephenson）警覺到，他們記錄下來的是「華盛頓山風格的超級颶風」。隨著早晨慢慢過去，風變得愈來愈強。下午一點二十一分，風速計記錄下時速三百七十二公里的陣風。在這次風速測量後，美國國家氣象局對風速計進行了一系列測試，以確定測量結果是有效的。

另可參考

- 1888 年〈白色大颶風〉p.105
- 1911 年〈北美寒潮〉p.121

位於新罕布夏州的華盛頓山天文臺曾經經歷一些全世界最極端的天氣，並固定會被風中極低溫的水氣所形成的冰霜覆蓋。

塵暴區

數千年來,在美國大平原根深柢固的青草下累積的豐饒土壤,厚度已經達到驚人的一‧八公尺。十九世紀末,一批批先驅如浪潮般湧入此地定居,畜養牛隻、種植作物。一九二〇年代,聯邦政府的慷慨補助與小麥價格的提升,導致南方平原出現了「大開墾」(Great Plow-Up),也使得超過五百萬英畝、已經演化為能抵擋乾旱的草原生態系統被耕地取而代之。但後來經濟大蕭條爆發時,小麥價格一蹶不振,這些土地也遭到了廢棄。

隨著一場嚴重的旱災在一九三〇年夏天發生,必須為數十年破壞式農耕方式付出代價的時刻也來臨了。一九三四年五月九日,漫天塵土形成一堵高達三千零四十八公尺的牆,席捲整個大平原地區,塵埃之濃密,足以遮蔽陽光。風暴一路往東移動,沿路增加強度,在巨大的雲煙裡夾帶三億一千八百萬公噸的土壤。塵暴侵襲芝加哥,並在市區留下約五百四十萬公斤的土壤。兩天後,風暴抵達紐約市,整片天空都暗了下來,彷彿覆蓋了一張深色的毯子。風暴仍然持續前進,直抵波士頓後才出海。那些身處大西洋的船員,只得把甲板上厚厚一層的大平原泥土掃除乾淨。

但這只是開始而已。最嚴重的塵暴發生在一九三五年四月十四日,日後被稱為「黑色星期日」。塵暴席捲大平原區,涵蓋範圍從加拿大到德州,造成大範圍的損失,白天變成黑夜。成千上百人因而受苦,許多人死於「塵肺病」。駐派丹佛的記者羅伯特,蓋格(Robert E. Geiger)那天剛好在奧克拉荷馬,他是第一個使用塵暴區(Dust Bowl)一詞的人。塵暴區事件為經濟大蕭條期間已經非常慘烈的美國中心地帶,又增添了更多的苦難與悲傷。

另可參考
- 2006 年〈遠距塵埃〉p.181
- 2012 年〈平息火熱紛爭〉p.187

1935 年 4 月 18 日,接近德州斯特拉福(Stratford)的強烈塵暴。

Le Petit Journal

ADMINISTRATION
61, RUE LAFAYETTE, 61

Les manuscrits ne sont pas rendus

*On s'abonne sans frais
dans tous les bureaux de poste*

5 CENT. **SUPPLÉMENT ILLUSTRÉ** **5** CENT.

27me Année — ** — Numéro 1.307

DIMANCHE 9 JANVIER 1916

ABONNEMENTS

	SIX MOIS	UN AN
SEINE et SEINE-ET-OISE..	2 fr.	8 fr. 50
DÉPARTEMENTS..........	2 fr.	4 fr. »
ÉTRANGER	2 50	5 fr. »

LE GÉNÉRAL HIVER

俄羅斯的「冬將軍」

天氣經常在戰爭的結果中扮演不可預測的角色，就像一五八八年，大英帝國的艦隊因為風向改變，竟然擊敗了當時最強大的西班牙無敵艦隊。但有時候，就算能夠準確預測，天氣的重要性還是沒有獲得應有的重視。對於入侵俄羅斯而言，這一點又格外重要。俄國的酷寒惡名昭彰，令人難以動彈的潮溼融雪更是有名到讓戰爭史學家寫道，「冬將軍」和「泥將軍」是俄國戰場上的兩大強敵。

不論是一七〇八年瑞典在大北方戰爭（Great Northern War）裡的入侵行動，還是拿破崙一八一二年的嘗試，一般而言，寒冷並非唯一或決定性因素，但它卻一直存在，使入侵俄羅斯的軍隊失去行動能力、力量削弱、人員死傷。當德國於一九四一年企圖擊敗俄羅斯時，希特勒因過度自信，導致軍隊延後進入莫斯科，冬天便趁隙參戰了。

二〇一一年出版的《戰爭風暴》（*The Storm of War*）一書中，歷史學家安德魯・羅伯茲（Andrew Roberts）描述一九四一年十二月二十日，德國宣傳部長約瑟夫・戈培爾（Joseph Goebbels）是如何呼籲民眾捐贈冬衣送往前線：「就算只有一位士兵暴露於冬季酷寒中，沒有足夠的禦寒衣物，那麼在家中的各位都不值得享有一刻安寧。」

但已經有點太晚了。

希特勒對於氣象預報單位的輕蔑態度，可能也是後來嚴重挫敗的原因之一。一九四一年十月十四日深夜，希特勒發表了一段長篇大論，說明他對氣象學的觀點，記載如下：

〔氣象〕預報是絲毫不值得信賴的……預測天氣不是一門能在物理上學習的科學，我們需要的是有第六感天賦的人，住在大自然裡，和大自然合而為一的人——他們不一定需要具備等溫線和等壓線的知識……

根據羅伯茲的說明，希特勒的圖書館裡有很多拿破崙戰役的書。諷刺的是，他補充說明：「希特勒卻沒有從前輩那裡學到最顯著的教訓。」

另可參考

- 1571 年〈帆的時代〉p.39
- 1944 年〈噴流成為武器〉p.137

「冬將軍」插圖。一次世界大戰時，俄羅斯在東方前線最常出現的戰時盟友。此圖為法國報紙《小日報》（*Le Petit Journal*）1916 年 1 月 9 日的頭版。從拿破崙到希特勒，俄羅斯的敵人都得面對這個麻煩的對手。

MARCH 1950

35 CENTS

POPULAR MECHANICS

MAGAZINE

WRITTEN SO YOU CAN UNDERSTAND IT

REG'D. TRADE MARK, GREAT BRITAIN, No. 410426

REG. U.S. PAT. OFF.

5TH RS

1749

FLY INTO THE HEART OF A TYPHOON

—Read this terrific story of a B-29 crew—Page 133

颶風獵人

現今，特殊的飛機常常飛進各種強度的熱帶風暴中心蒐集資料，改善美國國家颶風中心的預測。這類飛行提供了風速等其他衛星影像或雷達無法偵測到的詳細資訊，任務關鍵則是投落送（dropsondes，又稱「空投探空儀」）：將儀器裝在管子裡再投入暴風中，當它們一邊落下時，一邊會將一連串的大氣條件傳送出來。在典型的颶風季節裡，這類任務最多會投送一千五百個探空儀。

這類飛行可追溯到二次世界大戰。早在氣象衛星出現的時代之前，二戰時的軍機就會在太平洋上方巡邏，試圖追蹤颱風。最早的正式颶風飛行從一九四四年開始，但最早為人所知進入颶風眼的飛行卻是前一年一次大膽的賭注。

一九四三年，一群駐守在德州布來安場（Bryan Field）的英國飛行員在當地接受單獨使用儀器飛行的訓練——這是為了夜間飛行或惡劣天候飛行的安全所建立的新規定與做法。負責指導的教練是這方面的早期專家之一，空軍上校喬‧達克沃斯（Joe Duckworth，1902-64）。據說，當時有一個颶風——後來被稱為一九四三年的「驚喜」颶風（"Surprise" Hurricane）——持續增強，並正在接近已因一九○○年颶風而災情慘重的加耳維斯敦。

英國飛行員們一聽到受訓用的AT-6「德州人」（Texan）雙人座飛機可能必須飛到比較安全的地點，便嘲笑他們的教練，認為這是這些飛機脆弱不堪的跡象。根據氣象學家暨歷史學家柳‧芬奇（Lew Fincher）對此事的記錄，達克沃斯證明這些飛行員錯了；他和他們打賭，他可以在地面導航員的協助下，駕駛飛機飛進風暴中再安全返航，並能重複進行這項特技。

飛進颶風裡很快就變成一門嚴肅的科學事業，由四引擎飛機負責執行。這是一種危險的職業。從一九四五年到一九七四年之間，共有六架颶風獵人飛機失蹤——五架在太平洋，一架在加勒比海——造成共五十三名飛行員罹難。

另可參考

- 1755 年〈追風的富蘭克林〉p.57
- 1884 年〈最早的龍捲風照片〉p.99
- 1900 年〈大風暴〉p.113
- 1973 年〈追風獲得科學支持〉p.159

1950 年 3 月號的《大眾機械》（*Popular Mechanics*）報導，美國空軍使用 B-29 轟炸機來研究太平洋上的颱風。

噴流成為武器

噴流這個詞在一九四七年進入氣象學文獻，由芝加哥大學的科學家用來形容高海拔的高速氣流。二次大戰期間，同盟國的轟炸機發現他們飛往西邊的進展意外緩慢，於是才注意到了這種風。然而，這種風早在二十年前的某次研究就被發現了，該研究也在戰爭中扮演了意想不到卻致命的角色。

一九二三年到一九二五年，日本氣象學家大石和三郎（Wasaburo Ōishi）從東京北方的一個觀測站釋放了一千二百多顆小氣球，用以估計不同海拔在不同季節的風速。到了冬天，他發現某一層風的時速經常超過二百四十一公里，也就是海拔高度約七千六百二十到一萬零六百六十八公尺的西風。他在一九二六年公開這項發現，但只發表在氣象臺的期刊上，而且還是用意圖推廣為全球共用語言的世界語（Esperanto）書寫的。

大石於一九四○年過世，但他的見解存活了下來。以他的圖表為經緯，日本在一九四四年十一月到一九四五年四月間放出了九千顆裝有燃燒彈的氣球，大部分都掉入了太平洋，但有三百顆成功抵達美國。

這些氣球幾乎全都落在無人居住的區域，只不過其中一顆燃燒彈確實造成了傷亡。一九四五年一個風光明媚的五月下午，奧勒岡州的牧師阿奇・米契爾（Archie Mitchell）和他懷孕的妻子愛麗絲（Elyse）帶了五個從主日學下課的孩子，開開心心地要開車去樹林裡野餐。當米契爾向道路施工的工人問路時，愛麗絲和孩子們在附近森林裡漫步。其中一位工人李察・邦浩斯（Richard Barnhouse）看到愛麗絲和孩子們指著地上的某個東西，然後就發生了大爆炸。火勢熊熊的爆炸當場奪走愛麗絲和孩子們的生命。他們是唯一在北美大陸上因為敵軍行動而不幸死亡的民眾，而且是被一顆飄洋過海的紙氣球帶來的炸彈所害。

另可參考
- 1783 年〈最早升空的氣象球〉p.59
- 1943 年〈颶風獵人〉p.135

二次世界大戰末，日本利用噴流使數千個氣球帶著燃燒彈升空，飛往美國。已知抵達美國的約有三百顆，一名孕婦和五名兒童於 1945 年 5 月 5 日在奧勒岡州南部遇到其中一顆，並因而身亡。

造雨人

有史以來，人類幾乎一直夢想著要控制天氣。直到十九世紀，還有很多人把希望放在魔法或祈禱上，只有少數個性比較浮誇的人會尋求比較實際、但仍然無比荒誕的方法。根據科爾比學院科學與科技歷史學家弗萊明的詳細紀錄，有一票人都可獲得「造雨人」的稱號，因為他們不是試著引發降雨，就是想駕馭雨水。一八三〇年代，詹姆斯・艾斯比（James Espy，1785-1860）提議利用大火製造向上的熱空氣，以此刺激暴風雨的形成；他後來成為美國聯邦政府聘用的第一位氣象學家。一八九一年，國會慷慨地出資贊助一項古怪的做法：利用爆炸解決德州的乾旱問題。另一位握有造雨神祕化學配方的創業家，查爾斯・海特菲德（Charles Hatfield，1875-1958）則把造雨或說「降雨術」（pluviculture）帶到了二十世紀，當時很多城市都雇用了他，想透過他在木板上蒸發的神祕藥劑終結乾旱問題。在他進行某次降雨時，加州恰好出現造成傷亡的水災，使他隨之吃上官司。

一九四六年，一種比較科學的方法似乎得以開花結果，奇異公司在紐約上州實驗室裡的研究人員找到了為雲播種的方法──這是通往造雨或造雨路上的關鍵一步。實驗室技師文森・賽佛（Vincent Schaefer，1906-93）發現，乾冰會立刻將雲室裡的水分轉變成數百萬個冰晶。另一位研究員伯納德・馮內果（Bernard Vonnegut，1914-97）是小說家寇特・馮內果（Kurt Vonnegut）的手足，他很快地發現碘化銀粒子也有類似的效果。一九四六年十一月，賽佛和一名飛行員從小飛機上往麻州高空噴灑碘化銀，成功製造了薄薄的雪。

種雲的方式很快從測試轉變成應用，而且範圍包括戰爭，造成一九七八年國際條約明文規定軍隊不得改變環境。雖然科學研究尚未呈現顯著的效果，但中國、美國某些地區以及中東地方，定期仍可見這方面的嘗試。

另可參考

- 1902 年〈「製造天氣」〉p.115
- 2006 年〈設計的氣候？〉p.179

1946 年，奇異公司的科學家賽佛設計出利用乾冰製造雲的方法。碘化銀也被用於測試。

最早的電腦預報

早在十九世紀末期，美國氣象學家克利夫蘭・阿貝（Cleveland Abbe）和同儕就體認到，大氣中塑造天氣的能量和水分流動可以用數學來表示。他們很清楚，有用的可預測性是有希望的，實際上卻難以捉摸。李察森一九二二年想像的「預報工廠」為數字化的天氣預報建立了架構，但在滿足兩個關鍵需求之前，還需要幾十年才能實現天氣預報——在地球各地都有充分的即時觀測互相傳遞，以及只有電腦才做得到的大規模快速計算能力。

天氣預報的品質不僅掌握在對於大氣的數學模擬設計，還在於盡可能詳細地再現地面和海上某個時間點的風速、溫度、壓力等初始條件的能力。全球的連結與快速擴展的氣象站網絡正迅速改善這種狀況。衛星和深潛海洋浮標很快就會有大幅度的進步。

然而，過去也曾有粗暴的數字運算。天氣預報在這方面的進展動力，就如同從太空飛行到能源技術等眾多領域一樣，都來自於該領域是否與國防相關。隨著冷戰的醞釀，海軍開始支持約翰・馮・諾伊曼（John von Neumann，1903-57）的研究，他是帶領紐澤西州普林斯頓高等研究院的先驅數學家。美國的氣象研究計畫於一九四六年七月開始進行。

馮・諾伊曼組織了一群頂尖的氣象學家，由恰尼領導，目標是改良大氣的數學模型，使其更加完備。為此，他們得以使用世界上第一臺電腦：重達三十噸，有一萬八千根管子的電子數值積分電腦（ENIAC）；這臺電腦在一九四五年首次啟動，用於計算氫彈的可行性。第一個二十四小時的電腦天氣預報於一九五○年四月完成，並於當年稍晚公布。電腦花了超過二十四小時才完成計算，但這樣的努力證明了這項技術是有效的。三年後，瑞典的 BESK 電腦產出了最早的即時數值天氣預報，領先實際天氣的發生時間約九十分鐘。

另可參考
- 1861 年〈最早的氣象預報〉p.87
- 1922 年〈「預報工廠」〉p.125

瑪林・梅茲（Marlyn Meltzer，站立者）與盧絲・泰特邦（Ruth Teitelbaum，蹲者）1946 年為美軍的 ENIAC 電腦進行編程，早期很多電腦程式員都是女性。

龍捲風警告進展

氣象學的中心目標向來是提前為嚴峻的天氣提出警告。但在示警的必要性與假警報的風險之間，總是存在著衝突，特別是面對那些最危險的暴風時，更是如此。一八七八年，美國陸軍通訊兵團（U.S. Army Signal Corps）一名受過充分氣象學訓練的年輕軍官約翰・帕克・芬萊（John Park Finley，1854-1943）開始針對龍捲風的位置與相關的天氣條件進行長期的詳細研究。他於一八八七年將研究成果集結成書，由保險監督者（Insurance Monitor）出版，書名為《龍捲風：它們是什麼，以及如何觀察它們——保護生命財產的實用建議》（*Tornadoes: What They Are and How to Observe Them; with Practical Suggestions for the Protection of Life and Property*）；書中搭配插圖，並涵蓋了預測龍捲風風險的守則。

但在同一年，通信兵團開始禁止在預報中使用「龍捲風」一詞。颶風警報也被正式禁止。這項政策特別受到一八九五年到一九一三年擔任美國氣象局局長的威利斯・摩爾（Willis Moore）積極執行。（據信，摩爾對於發布颶風警報的反感，正是造成一九○○年加耳維斯敦市死傷慘重的原因之一。）

龍捲風警報禁令在一九三八年鬆綁，但依舊繼續執行了十年。一九四八年三月二十日，一場強烈的龍捲風摧毀了軍方在奧克拉荷馬航空站的數十架飛機。兩名空軍氣象學家立刻被任命評估此類風暴的可預測性，並於短短五天內，在另一場旋風襲擊基地前三個小時就發出了警報。

一九五○年七月二日，自一九三八年到一九六三年擔任局長的法蘭西斯・瑞奇德芬（Francis W. Reichelderfer）終止了禁令，他寫道：「每當預報人員握有可靠的基礎能夠預測龍捲風時，在合理的情況下，預報就應該以明確的語詞將該預測包括在內。」

一九五三年四月九日，在一個伊利諾州受暴風雨侵襲的日子裡，出現了重大進展：一套遺留自二次世界大戰的雷達系統偵測到了「鉤狀回波」（hook echo），反映出在雷雨深處有龍捲風活動。該徵兆提供了相關的線索，再加上雷達的使用日益增加，使得警報愈來愈可靠。但若人們沒有留意警報，或是避難所距離太遠時，這些強烈的風暴依舊會造成嚴重災情。

另可參考
- 1900 年〈大風暴〉p.113
- 1950 年〈最早的電腦預報〉p.141

雖然龍捲風依舊可能造成嚴重災情與死傷，但是改良後的警報，加上興建了更多的結構支撐或避難所，已經大幅降低了死亡率。圖中是以混凝土建造的圓頂避難所，在 2013 年 5 月 20 日奧克拉荷馬州摩爾市的龍捲風中完好無缺。

倫敦大霧霾

打從中世紀開始，煤就是倫敦用於取暖的燃料。到了十九世紀，隨著人口成長，燃煤經常與毒空氣的事件連結在一起，就像查爾斯·狄更斯（Charles Dickens）在一八八二年的《倫敦字典》（*Dictionary of London*）裡提到的：「對於肺部和氣管來說，沒有什麼比大量吸入汙濁空氣和漂浮的碳更有害了，而這些東西結合在一起，就構成了倫敦的霧霾。」

但是，過去所有的汙染情況，和一九五二年十二月五日開始籠罩這座城市長達五天的大霧霾（Great Smog）相比，都只是小巫見大巫。由於一場時間異常長久的驟寒天氣，為了為住家提供暖氣，所有煤爐都超時燃燒。正常情況下，燃燒後的煙會上升到大氣中消散，但是倫敦上方的高壓系統形成了逆溫層，困住了不斷累積的煙流（plume）和潮溼的空氣。

英國氣象局解釋，汙染可能扮演了霧霾的催化劑，因為水可以在細微的粒子上凝結。而化學物質和水混合造成了酸性條件，使皮膚和呼吸問題更加惡化。

有毒的霧霾籠罩了整座城市，使之癱瘓。黑色的爛泥覆蓋了人行道和馬路。得有個指揮走在雙層巴士的前面，揮舞著燈照路，帶領巴士的方向。最後，酸霧造成十五萬人送醫，相關死亡人數高達一萬二千名。這起事件促使英國通過一九五六年的《空氣清淨法》，並在之後更新，禁止黑煙的排放。

近年，輪到中國和印度的工業化城市與嚴重的霧霾事件奮戰：來自燃煤、汽車排放的廢氣、烹飪火爐的汙染物，都為二十一世紀的霧霾推波助瀾。

另可參考
- 1814 年〈倫敦最後一次霜雪博覽會〉p.69
- 1896 年〈煤、二氧化碳與氣候〉p.111
- 1935 年〈塵暴區〉p.131

在濃密的毒霧霾中引導倫敦巴士的男子。

北海洪水

綜觀荷蘭歷史，荷蘭人向來必須努力讓北海維持在海灣裡，而「荷蘭」的原文 Netherlands，字面意思就是「低地」。這個人口稠密的國家有二〇％的土地低於海平面，另外一半的領土只高於潮汐不到一公尺。早期，風車的功能之一就是把水從低窪地抽出來。低窪地開拓地（polder）指的是荷蘭人將原本的沼澤地抽水並建設堤防後所形成的大片土地。

二十世紀初，大家開始擔心若面臨大型暴風雨的威脅，這個國家將陷入大範圍的氾濫。一九三七年，一份政府報告指出了包括面海的海堤出現劣化等值得警戒的跡象，提議進行一項大型計畫，除了建設跨越出海口的屏障，也同時進行其他減少依賴面海堤防的措施。但是因為各種延誤與二次世界大戰的爆發，該計畫的進度相當緩慢。直到一九五三年，僅有兩條河的出海口獲得保護。

接著，災難襲擊了荷蘭。一月三十一日，颶風強度的風造成強烈的暴風雨，掃過北海海面。暴風雨發生時，許多海堤都不夠高，而且因為戰時很多軍事建設都蓋在海堤裡，破壞了海堤的結構，使其變得更脆弱，最後總共有一百五十個破裂處。隨著暴風雨肆虐，加上當時恰好是滿潮的高峰期，一千四百平方公里的土地一夜之間遭到淹沒，一千八百三十六人死亡。雖然英格蘭和比利時的沿海地區同樣被淹沒，但荷蘭受災最嚴重。

隨著緩慢復原，荷蘭政府也設立了「三角洲建設委員會」（Delta Works Committee），希望找到方法強化沿海防禦，以符合前所未見的標準──抵擋萬年一見的暴風雨。成果「三角洲計畫」的內容包括了阻擋入海口、建設水壩和抵擋暴風雨大浪的屏障、安裝水閘和鎖，以及強化海堤。建設工程從一九五八年開始，於一九九七年正式完工。

二〇一四年，考慮到全球暖化造成的海平面上升，荷蘭政府通過新的三角洲計畫，將在三十年裡花費二百五十億美元進行洪水防禦建設。

另可參考

- 1862 年〈加州大洪水〉p.89
- 1900 年〈大風暴〉p.113
- 1931 年〈「中國的哀傷」〉p.127

荷蘭克勒伊寧恩（Kruiningen）的居民在北海洪水後調查災情。水退了以後，很多城鎮依舊遭泥巴掩埋六個月之久。

二氧化碳的上升曲線

一個世紀以來的研究已經確知，痕量氣體（trace gas）二氧化碳正在加熱地球，而燃燒化石燃料所產生的排放物累積可能會大幅增加暖化效果。但是，目前沒人知道這種氣體在大氣中的濃度上升速度有多快，海洋和森林吸收二氧化碳的速度又能否跟得上累積的速度？

一九五七年，斯克里普斯海洋研究所（Scripps Institution of Oceanography）的羅傑‧瑞菲爾（Roger Revelle，1909-91）和漢斯‧蘇維茲（Hans E. Suess，1909-93）兩位科學家的研究成果，協助判定了海洋吸收二氧化碳的能力其實有限。就在他們的論文發表之前，瑞菲爾加了一行字，這句話此後便不斷地被引用：「人類現在進行的這一場大規模的地球物理學實驗，不僅前所未見，未來也無法重現。」

這項「實驗」還在持續增加大氣中的二氧化碳。實驗結果則將為未來數個世紀的人類與生態系統帶來重大後果。

不過，仍然需要一致的測量方法才能追蹤二氧化碳到底是怎麼回事。一九五八年，一項名為「國際地球物理年」（International Geophysical Year）的全面研究計畫中，斯克里普斯海洋研究所的年輕化學家查爾斯‧大衛‧基林（Charles David Keeling，1928-2005）在夏威夷大島上的大型休眠火山茂納羅亞火山（Mauna Loa）安裝了儀器，能持續測量山上三千三百五十二‧八公尺處的二氧化碳濃度。這臺儀器在遠離各種汙染源的情況下開始記錄。結果顯示，二氧化碳會有年度的下滑與上升，反映了北半球每年春夏的植物生長旺季。但是到了一九六〇年，二氧化碳濃度出現明顯的長期上升，而且是前所未見的顯著。基林於二〇〇五年過世，接下來數十年裡，基林的兒子洛爾夫‧基林（Ralph Keeling）繼續進行他的二氧化碳濃度系統性測量，並得出現今被稱為「基林曲線」（Keeling Curve）的經典圖表。

另可參考
- 1856 年〈科學家發現溫室氣體〉p.83
- 1896 年〈煤、二氧化碳與氣候〉p.111

斯克里普斯海洋研究所的基林在檢查他開發的二氧化碳濃度連續紀錄表。

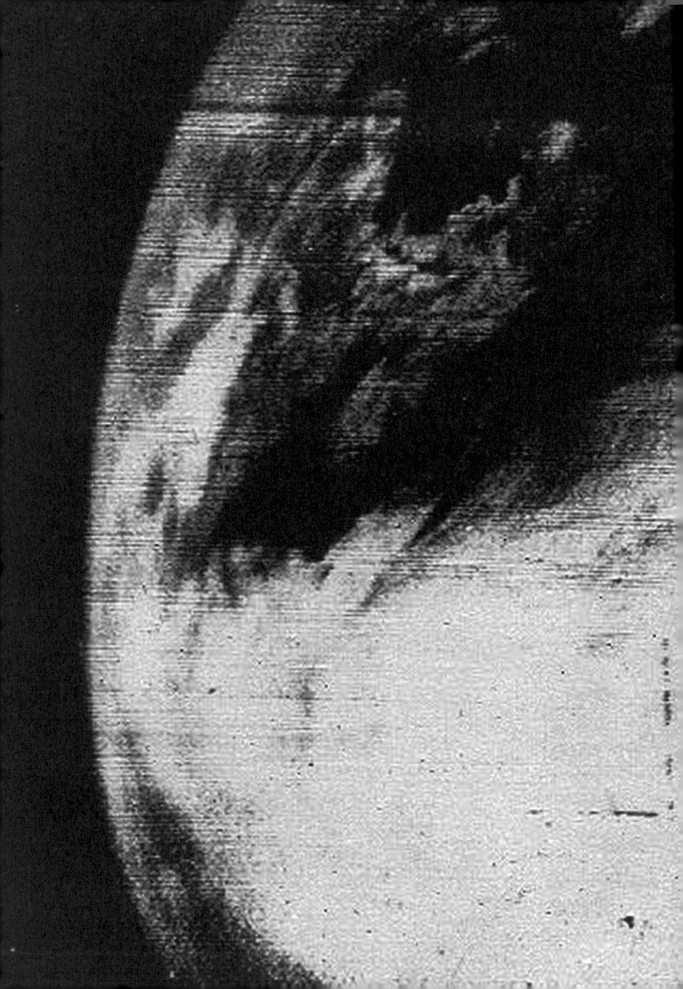

從軌道看天氣

隨著一九五〇年代結束，氣象預報已準備好進行大幅轉型。雖然電腦模擬、雷達等其他工具導致快速的進步，但太空競賽帶來了真正的新元素——攝影機能升空進入軌道，聚焦於地球，觀看天氣模式。很快地，由各種儀器提供的各式各樣數據接踵而來，不只是雲的模式資訊，還有氣溫、溼度等。

第一次的氣象衛星發射是一九五九年二月十七日，美國發射了先鋒二號（Vanguard 2），但由於火箭裡那個負責發送衛星進入軌道的部分撞上了太空船，造成搖晃，因此這個衛星在公轉時蒐集到的雲覆蓋資料相當有限，用途不大。

一九六〇年四月一日，衛星氣象學的時代正式展開，NASA 成功發射了 TIROS-1：一艘重達一百二十二‧五公斤的太空船，搭載兩臺使用太陽能的遙視攝影機，一臺負責拍攝地球的廣角畫面，另一臺負責較小範圍的影像。隨著衛星在兩極間移動，這兩臺攝影機每三十秒會拍攝一張照片，若衛星離開地面基地臺的網絡範圍，影像便會儲存在磁帶記錄器中。

TIROS-1 拍攝到的第一個影像是紅海。從一九六〇年四月一日到六月十八日，TIROS-1 共傳送了二萬三千張影像回地球，這些影像的畫質顆粒相當粗，但證明了利用衛星來增加氣象預報的準確度是可行的。

一九六二年，TIROS 計畫（即「遙視紅外線觀測衛星」：Television InfraRed Observation Satellite 的縮寫）發射了第四架衛星，並搭載新一代的攝影機與其他感應器，美國氣象局也開始將雲圖傳送給世界各地的氣象單位。

一九八〇年代，TIROS 計畫依舊持續進行，它是一整組地球觀測衛星的開路先鋒，這些衛星可以追蹤各種天氣狀況，從降雨率到雪覆蓋率、海冰，從風速到大氣平均溫度都涵蓋在內，改善了天氣與氣候研究。

另可參考

- 1912 年〈軌道與冰河時期〉p.123
- 1950 年〈最早的電腦預報〉p.141

第一張從宇宙傳回地球的遙視影像，由第一架成功的氣象衛星 TIROS-1 於 1960 年 4 月 1 日拍攝。

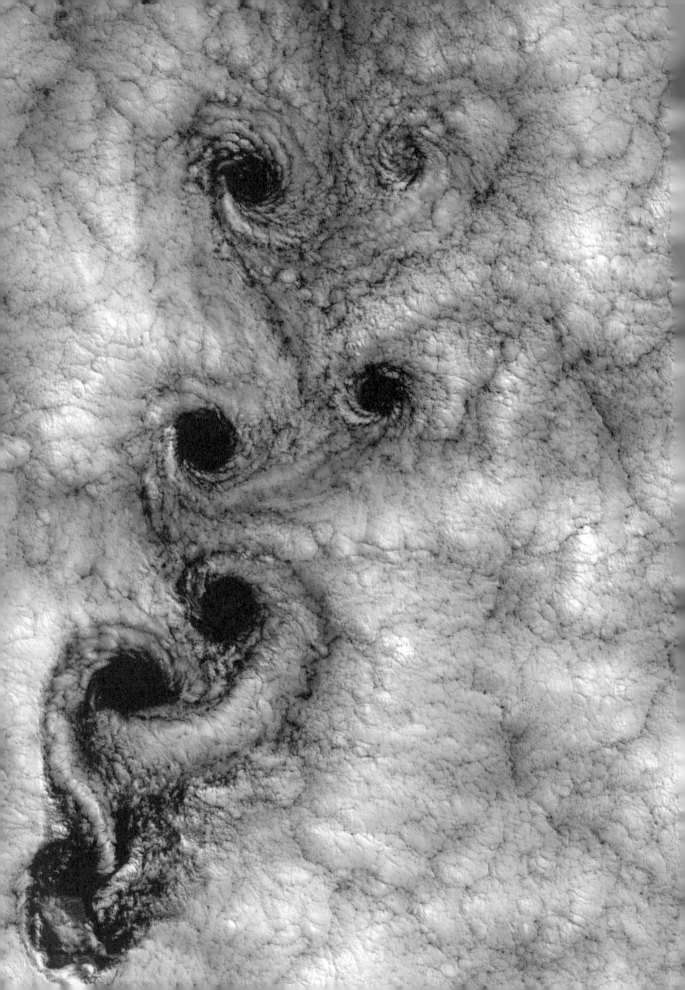

混沌與氣候

到了一九六〇年，以數值來表示天氣預測——皮耶克尼斯、李察森等前輩所奠定基礎的技術——其進步速度幾乎和電腦效能一樣快。隨著衛星和其他感應器改善了觀測，理論也在進步，可說是氣象學覺得陶陶然的時代。接著，艾德華·羅倫茲（Edward N. Lorenz，1917-2008）與混沌理論出現了。

羅倫茲是麻省理工學院的氣象學家，他在一九六〇年十一月於東京舉行的某場會議中，發表了一場嚴肅的演說，使用一個簡單的電腦大氣模型產出氣象圖，並嘗試使用標準的預測方式來重現這些圖，結果卻是超過三天——遠比預期得快——的無意義產出。

演講過後，瑞典氣象學家伯特·波林（Bert Bolin，1925-2007）問羅倫茲，是否嘗試過改變反映初始氣象條件的數據，看看預測結果會有多大的變化。羅倫茲回答，他改過十二項變數裡的一項，而且只改了少少的一％，幾乎可以忽略。

如歷史學家弗萊明在二〇一六年《發明美國科學》（*Inventing Atmospheric Science*）書中所描述：

他發現這個錯誤當時變大了，而且還以緩慢的指數速率持續成長，直到原本的氣象圖和最後的氣象圖毫無相似之處。這暗示著，至少對這一組方程式而言，預測還是有限的。羅倫茲發現了天氣系統具有「敏感依賴初始條件」的原則，而這正是混沌裡論的基礎見解。

羅倫茲加強了他的研究，並在一九六三年那篇堪稱里程碑的論文中抵達高峰。論文內容包括了以下直率的發現：「除非確確實實知道所有現在的條件，否則要以任何方法對相當遙遠的未來做出預測是不可能的。有鑑於天氣觀測不可避免的不準確性與不完整性，非常長期的精確預報可以說根本不存在。」

此後，混沌理論影響了從金融到生態學等各領域。羅倫茲的理論在一九七二年後以「蝴蝶效應」之名為人所知，因為當時會議主辦單位還不認識他，便為他的演講題目加了這句話：「一隻蝴蝶在巴西拍動翅膀，是否會引發德州的龍捲風？」

另可參考

- 1922 年〈「預報工廠」〉p.125
- 1950 年〈最早的電腦預報〉p.141
- 1967 年〈成熟的氣候模型〉p.157

氣候系統同時具有秩序和隨機性，如同這張圖裡被稱為「卡門渦街」（von Kármán vortex streets）的雲。

總統的氣候警告

從一九五〇年代後期到下一個十年的大部分時間，美國的海洋和大氣研究開支大幅增加，主因在於冷戰。一九六五年初，在科學家們告知全球暖化理論的基礎知識後，林登·詹森總統（Lyndon B. Johnson，1908-73）成為第一位權衡這個問題的美國領導人。

同年二月八日，詹森總統發表了一份書面文件〈給國會的特別訊息：關於保護和恢復自然之美〉（"Special Message to Congress on Conservation and Restoration of Natural Beauty"），內容包括「燃燒化石燃料導致二氧化碳穩定增加」的觀察結果。

他並提出警告，表示這種汙染對環境的影響不再是局部的，而是會產生累積的後果，需要積極的政策轉變：「我們等待愈久才採取行動，危險就愈大，問題也就愈嚴重。空氣和水路的大規模汙染不會在意政治上的邊界，影響遠遠超出了製造汙染者的範圍。」

雖然詹森的大部分重點放在有害的空氣和水汙染上，但他的前瞻性建議預示了其繼任者將面臨長期的艱苦努力，必須制定國家和國際政策，控制溫室氣體排放。

「此外，」詹森寫道：「《清潔空氣法案》（Clean Air Act）應該加以改善，允許衛生、教育及福利部部長在汙染發生之前，便能調查潛在的空氣汙染問題，而不是像現在一樣，等災害發生後才處理。」

同年稍晚，總統收到一份關於環境挑戰的科學報告，內容包括了由瑞菲爾領導的小組所撰寫的氣候變遷相關附錄，小組成員還有瓦勒斯·布羅克（Wallace Broecker）與基林。報告指出，「因二氧化碳含量增加而造成的氣候變遷，從人類的角度來看，可能是有害的。」甚至觸及了探索可能的補救措施的必要性——「刻意製造抵銷性的氣候變化」，即現在所謂的「地球工程」（geoengineering）或氣候干預（climate intervention）。

另可參考

- 1988 年〈全球暖化變成新聞〉p.171
- 2015 年〈從里約到巴黎的氣候外交〉p.191

1968 年，詹森總統與其夫人漫步在德州斯通瓦爾（Stonewall）附近的野花間。

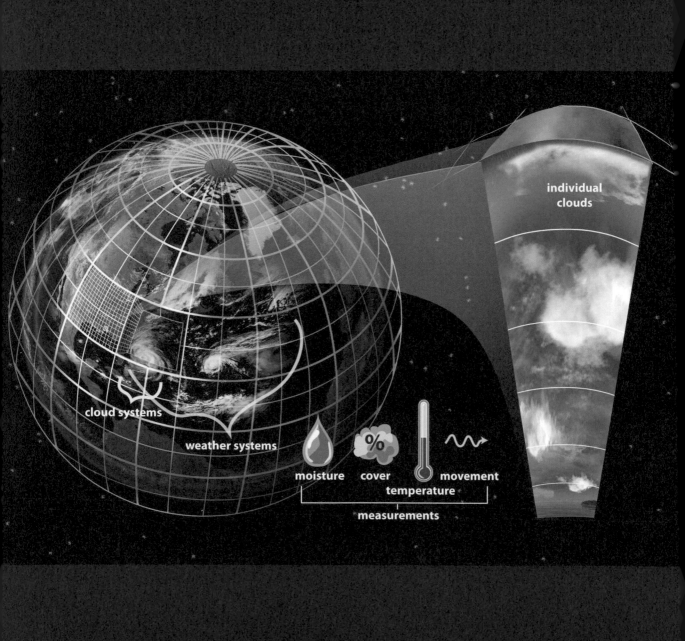

成熟的氣候模型

從一九五〇年代開始，即使氣象學家已經精進了電腦計算的天氣預報，依舊對數學模型的建構投入了相當多心力，以藉此掌握更長時間範圍內的大氣循環，並有助於釐清海洋、雲和溫室氣體等因子塑造氣候的作用。

隨著一篇論文的發表，關鍵的第一步發生在一九六七年。該篇論文描述了使用一維模型來測量溫室氣體大量增加可能導致的變暖程度的首次嘗試。文中提到，代表通過大氣的單柱空氣的一維模型雖然非常簡單，但很適合用來評估氣候對於二氧化碳濃度升高的敏感性。

這篇論文的作者是美國地球物理流體動力學實驗室（U.S. Geophysical Fluid Dynamics Laboratory）的真鍋淑郎（Syukuro Manabe，b.1931）和理查·韋瑟爾德（Richard T. Wetherald，1936-2011），他們表示：「根據我們的估計，大氣中二氧化碳含量增加一倍，會使大氣溫度（其相對溼度為固定）升高約攝氏兩度。」這個數字依舊接近那時至今所做的數十項估計的中間值，不過由於持續的不確定性來源，例如溫室暖化氣候的雲層反應，這個更暖或更冷的範圍仍然很大。在這篇論文中，真鍋和韋瑟爾德也是最早（正確地）假設，即使低層大氣的對流層變暖，平流層還是會冷卻的人。測量結果已經證實了這一點。

一九七五年的一篇論文中，兩人將他們的計算擴展到三維，為大氣環流模型（general circulation models）奠定基礎，這些模型有數十萬行的程式碼，在世界上最強大的幾座超級電腦上運行，解析度也更高。二〇一五年，網路出版品《碳簡報》（Carbon Brief）邀請最近在「政府間氣候變遷專門委員會」（The Intergovernmental Panel on Climate Change）撰寫全球暖化報告的作者群，提名「有史以來最具影響力的氣候變遷論文」。這篇一九六七年的論文獲得了八項提名，是任何其他研究的兩倍以上。

另可參考
- 1922 年〈「預報工廠」〉p.125
- 1950 年〈最早的電腦預報〉p.143

早期的氣候電腦模擬代表單一空氣柱。現在的大氣環流模型以非常詳盡的數學來表示共同形塑氣候的陸地、海洋、大氣和冰之間的互動。

追風獲得科學支持

在過去，追逐風暴——尤其是龍捲風——並非總是像電影、電視實境秀，以及 YouTube 直播頻道所宣傳的那樣高科技與高調。風暴追逐的先驅之一，大衛・侯德利（David Hoadley，b.1938）是一位業餘氣象觀察者，當他於一九五六年在北達科塔州的家鄉俾斯麥（Bismarck）遭受嚴重風暴侵襲後，便發展出對這方面的熱情。侯德利身兼美國陸軍中尉、聯邦政府預算分析師、素描藝術家和攝影師，他總將自己的公職假期安排在龍捲風高峰期，才能專注於記錄惡劣的天氣。

在此同時，氣象學家尼爾・沃得（Neil Ward，1914-72）從一九六四年開始在奧克拉荷馬州諾曼（Norman）的美國國家劇烈風暴實驗室（National Severe Storms Laboratory）工作。透過近距離觀察，他對雷雨和龍捲風的演變發展出了新想法，並將科學嚴謹性帶入了這個領域。一九七二年，奧克拉荷馬大學和劇烈風暴實驗室，連同其他一些研究人員一起合作，開始了「龍捲風攔截計畫」（Tornado Intercept Project），這是第一個專門以研究為目的的大規模追風計畫。

一九七三年五月二十四日，他們蒐集到一場大型龍捲風從形成到摧毀奧克拉荷馬州聯合市的數據，為超大胞雷雨（supercell thunderstorm）的研究提供了基礎：若有產生持續旋轉的上升氣流，超大胞雷雨可產生龍捲風和微暴流（microburst）。移動組人員與實驗室新的實驗型都卜勒雷達，共同為龍捲風整個生命周期提供了第一份詳細的數據。透過事後研究雷達磁帶，科學家可以看到，旋轉氣流似乎是在漏斗下降到地面前就出現在高空——代表至少對於某些龍捲風來說，都卜勒雷達能夠探測到其早期預警信號。

都卜勒雷達現在是追蹤劇烈風暴時不起眼的工具，追風者拍攝的影像在電視和網路上也很常見了。但是，他們面臨的風險一點也不普通。追風歷史上最慘烈的一天發生在二〇一三年，當時有一個迅速擴張的龍捲風改變了方向並加快速度，在奧克拉荷馬州造成了三名追風者死亡。

另可參考

- 1755 年〈追風的富蘭克林〉p.57
- 1884 年〈最早的龍捲風照片〉p.99
- 1943 年〈颶風獵人〉p.135

美國國家海洋暨大氣管理局國家劇烈風暴實驗室的一組追風隊。

揭開危險的下暴流

藤田哲也（Tetsuya Fujita，1920-98）也叫「泰德」（Ted），是芝加哥大學的劇烈風暴研究者，以一九七一年和國家劇烈風暴預測中心的艾倫·皮爾森（Allen Pearson）合作發展出衡量龍捲風災害的藤田級數（Fujita Scale）而聞名。

藤田級數最有價值的地方在於風暴後分析，因為災害回應小組和氣象學家都試著從龍捲風造成的災害來描述龍捲風的力量特性。然而，藤田對大眾福祉更重要的貢獻，可以說是他持續的實地考察與分析，只不過有很長一段時間，他必須面對來自同儕的懷疑態度。他的研究則揭露，某些風暴的裡面和周圍環繞著一種看不見的致命威脅：集中的向下氣流不僅能剷平森林，更嚴重的是會使起飛或降落中的飛機陷入危險。

藤田之所以開始深入研究這種致命的天氣現象，是因為他被徵召調查美國東方航空波音七二七於一九七五年六月二十四日降落甘迺迪機場時發生的空難事件。當時該區域下著大雷雨，但沒有明確的跡象顯示是什麼從天空擊中飛機，造成一百一十二名乘客死亡，十二人受傷。一些在附近的飛行員回報出現亂流，但其他飛行員則沒有。

這種觀測上的差異性讓藤田想到，前一年的劇烈龍捲風造成災情時，他也看到了一些不同，包括在連根拔起的樹上看到星星的形狀，代表有集中的片狀垂直風先往地面衝，接著再向外散開。接下來兩年裡，藤田針對這類在玉米田和森林裡的災害模式進行了航空調查、攝影、素描。到了一九七八年，他已經定義這種新現象為「下暴流」（downburst），並提議將涵蓋範圍小於四公里的下暴流稱為「微暴流」（microburst）。

一九七八年五月十九日，藤田與國家大氣研究中心的研究人員使用都卜勒雷達，在伊利諾伊州的約克維（Yorkville）捕捉到了微暴流的清楚影像。

另可參考
- 1934 年〈最快的風速〉p.129
- 1950 年〈龍捲風警告進展〉p.143

2016 年 7 月 18 日，由直升機在亞利桑納州鳳凰城上方拍攝到的異常微暴流。

南極冰層的海平面威脅

二十世紀後半葉發現的愈來愈多證據都顯示，地球的氣候確實會對人類活動產生的、長命又長壽的溫室氣體濃度增加做出反應，因此普遍假設，這將導致實質的極地冰原融化和海平面上升，雖然可能是漸進式地。

此外，跡象也顯示，冰原具有潛在的不穩定性，海平面也可能在未來突然上升，尤其把部分南極西部冰原一起納入考慮時，特別能了解這點。在南極這結凍大陸上，這塊區域的海底地形會讓溫水進入大量冰的下方，加速冰前往海上的旅程。

一九七八年發表於《自然》的一篇論文中，俄亥俄州立大學的冰川學家約翰‧莫瑟（John H. Mercer，1922-87）在人類驅動的氣候變遷與突然喪失大量南極西部冰原的風險之間，建立起嚴重的關連性。這篇論文的標題相當直白：〈南極西部冰原和二氧化碳溫室效應：災難的威脅〉（"West Antarctic ice sheet and CO_2 greenhouse effect: a threat of disaster"）。

論文摘要同樣直言不諱：「如果全球的化石燃料消耗繼續以目前的速度成長，大氣中的二氧化碳含量將在五十年內加倍。氣候模型顯示，此類活動導致的溫室暖化效應將在高海拔地區大幅加重，計算出的溫度上升……可能會引發南極洲西部冰山快速融化，造成海平面上升五公尺。」

莫瑟長久以來都被視為門外漢，但他的觀點卻受到後人的支持。二○一四年的兩份獨立研究斷定，南極洲西部的「崩潰」現在已經無可避免，只不過以時間範圍而言，依舊是以世紀計算，而非以十年或一年為單位。當然，南極洲是唯一水量足以威脅現今沿海城市的地方。格陵蘭的冰原面積確實小很多，但是三公里高的冰蓋水含量也相當於墨西哥灣的水量。

另可參考

- 1983 年〈地球上最冷的地方〉p.165
- 1993 年〈冰與泥中的氣候線索〉p.175
- 2016 年〈北極海冰縮減〉p.193

翠提斯冰河（Thwaites Glacier）的一部分，照片攝於 2012 年。這裡是南極洲西部冰原的冰流入海洋的最前緣。

地球上最冷的地方

一九八三年七月二十一日，位於南極洲東部的俄羅斯沃斯托克（Vostok）研究站，記錄到了攝氏負八十九·二度的溫度，這是溫度計測量到的最低溫度，因此列入了《金氏世界紀錄》，也由世界氣象組織列為紀錄。測量到這個溫度的地點標高三千四百八十八公尺，位於冰層極內陸地區，非正式稱呼是「寒極點」（Pole of Cold）。

可能還有更冷的地方。二〇一〇年八月十日，科羅拉多州波爾德（Boulder）的國家雪冰資料中心（National Snow and Ice Data Center）研究人員宣布，他們在南極洲的東方高地記錄到難以理解的酷寒溫度，也就是攝氏負九十三·二度。這些研究人員利用遙測衛星取得資料，研究了三十多年的地球表面溫度圖，在阿戈斯冰穹（Dome Argus）和富士冰穹（Dome Fuji）間的高聳山脊意外發現了最低溫的紀錄。（他們先前的假設是，最冷的空氣因為也是密度最高的，應該會出現在較低的地勢。）

俄羅斯南極洲探險隊後勤中心主任透過俄羅斯媒體表達抗議，認為根據衛星資料宣布這項紀錄是「錯誤且不實際的」。不論如何，協議都站在俄國人這邊，因為根據國際氣象協議，打破紀錄的必要條件是必須由溫度計測量得出。

如同地球上最熱的地點，在有人居住的地方的最冷紀錄保持者同樣值得一提。根據 NASA，在地球上長期有人居住的地點中，最冷的地方是西伯利亞東北，一八九二年在維科揚斯克（Verkhoyansk）和一九三三年在奧伊米亞康（Oimekon），溫度都曾降到攝氏負六十七·八度。

另可參考

- 2012 年〈平息火熱紛爭〉p.187
- 2014 年〈極地渦旋〉p.189

1983 年，由溫度計測量到最冷的溫度紀錄出現在俄羅斯的沃斯托克研究站，距離南極約一千二百八十七公里。

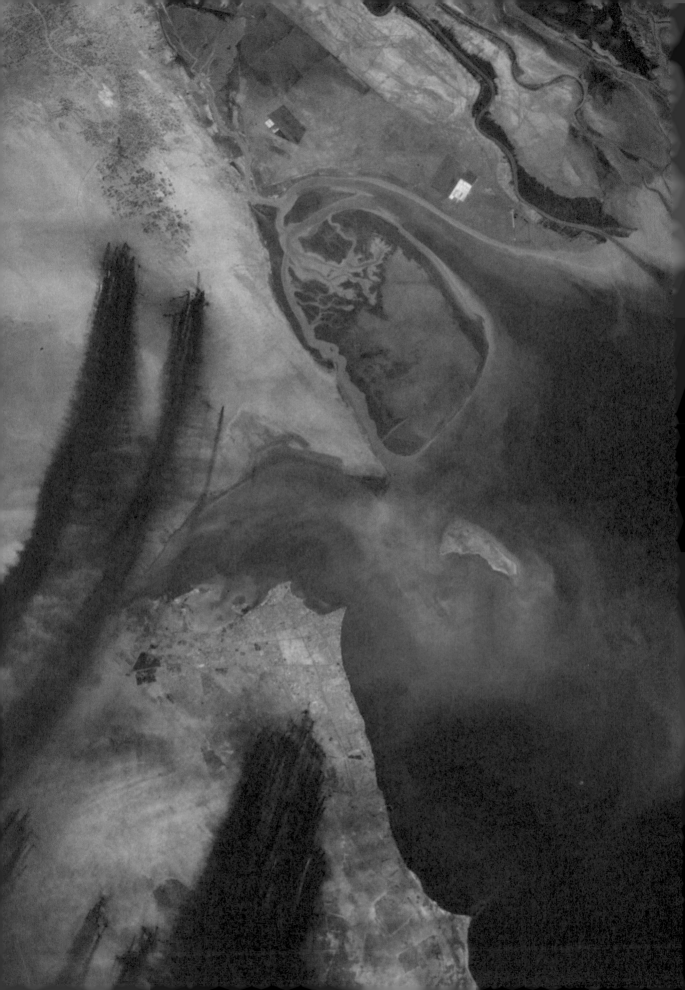

核子冬季

　　一場完美的冷戰風暴、環境的考量、氣候科學的演變,在一九八〇年代初期一併爆發,導致一種新型的環境威脅預警——核交換後的大火,可能引發「核子冬季」。

　　在核子戰爭中起火的城市會升起大量濃密的煙雲,導致地球冷卻,引發饑荒等更糟糕的情況。這種概念來自於一系列早期的論文,並逐漸演化,其中以一九八二年的分析論文〈核戰後的大氣:正午的微光〉("The Atmosphere After a Nuclear War: Twilight at Noon")為濫觴,作者為大氣科學家保羅·克魯琛(Paul J. Crutzen,b.1933)與約翰·布力克思(John W. Birks,1946)。一九七〇年代初,克魯琛因為確認了可能破壞臭氧層的化學反應而聲名大噪,該研究也讓他與同僚共同獲得一九九五年的諾貝爾化學獎。

　　然而,核子冬季的假設,是因為卡爾·薩根(Carl Sagan,1934-1996)的參與而廣為人知。薩根和其他四位作者在一九八三年十二月二十三日的《科學》發表論文:〈核子冬季:數次核子爆炸的全球性後果〉("Nuclear Winter: Global Consequences of Multiple Nuclear Explosions"),薩根在《漫步》(Parade)雜誌的特別報導與電視節目上提出警告,表示數百萬人都面臨著這項威脅。他,以及一名與他抱持相同看法的蘇聯物理學家維塔利·金茲堡(Vladimir Alexandrov,1938-85)共同前往梵諦岡並出席各種場合,想促成禁用核武。

　　但經過深入的科學分析探討,原先的末日式後果愈來愈微妙;另一位著名的氣候科學家史蒂芬·史奈德(Stephen H. Schneider,1945-2010)認為比較可能發生「核子秋季」。另一方面隨著蘇聯解體,核戰的威脅也逐漸消退。

　　最近,由艾倫·羅巴克(Alan Robock,b.1949),以及當初和薩根一同發表一九八三年論文的歐文·布萊恩·東(Owen Brian Toon,b.1947)進行的氣候模擬指出,就算是有限的核交換,都會造成長達十年的災難性氣候崩潰。原因為何?核子火焰的煙會上升到海拔四十公里高處,已經超過了能由降雨迅速沖刷的範圍。

另可參考

- 1941 年〈俄羅斯的「冬將軍」〉p.133
- 2006 年〈設計的氣候?〉p.179

1980 年代初,科學家計算發現,由核戰所引發的數百場大火會造成陰暗、遮蔽太陽的煙雲上升,使地球冷卻,進入「核子冬季」。1991 年,薩達姆·海珊(Saddam Hussein)燃燒科威特油井,科學家測量到擴散的黑雲造成當地冷卻,但是煙升得不夠高,因此沒有造成更廣泛的影響。

預測聖嬰

這個行星上，沒有任何周期性的氣象事件會像聖嬰南方震盪（El Niño-Southern Oscillation）那樣，造成如此廣泛且不論好壞的影響。這種太平洋氣溫不規則變化的現象，能在引發印尼野火的同時，也扼殺大西洋颶風；它會轉變乾旱和大雨的模式，也會使珊瑚礁白化。

聖嬰南方震盪這個名字的西班牙語部分來自祕魯地理學家，他們描述，十九世紀晚期的沿海漁民提到一種溫暖的「聖嬰逆流」，偶爾會讓他們在撈捕鯷魚時一無所獲，這種逆流通常發生在聖誕節期間（因此才會使用代表男童耶穌的「聖嬰」一詞）。一群科學家花了幾十年，總算辨別出是哪些力量在發揮作用，並了解此周期的全球影響力，建立了能夠有效預測的模型。第一個被破解的部分是太平洋和印度洋上方大氣壓力的周期性蹺蹺板變化。這種模式出現在吉爾伯特·沃克（Gilbert Walker，1868-1958）一九二三年針對全球氣象數據的統計研究中；他是一位住在印度的數學家，試圖找出能夠解釋南亞賴以維生的季風降雨某些年沒有發生的大氣模式。

一九六九年，加州大學洛杉磯分校的雅各布·皮耶克尼斯（Jacob Bjerknes，1897-1975）將大氣循環與熱帶太平洋的暖和冷時期連結在一起。另外兩位科學家，普林斯頓大學的喬治·費蘭德（George Philander，b.1942）和哥倫比亞大學的馬克·肯恩（Mark Cane，b.1944）則揭開了熱帶風和洋流如何偶爾會出現自我強化的變暖模式，以及一種相反的冷卻現象；費蘭德在一九八五年將這種相反現象稱為「反聖嬰」（La Niña，「女童」之意）。

同年，肯恩和一名學生史蒂芬·塞比亞克（Stephen Zebiak）開發了一個整合海洋和大氣數據的預測模型。在一九八六年六月發表的一篇論文中，他們成功預測了聖嬰現象的出現。此後，學界開發了許多其他模型。這個周期有時依舊使專家感到困惑，但一般來說，現在我們有更多時間針對這種破壞性模式進行規劃。

另可參考
- 2007 年〈追蹤海洋的氣候角色〉p.183
- 2017 年〈礁岩之熱〉p.197

1997 年和 1998 年在熱帶太平洋地區曾發生一次極端強烈的聖嬰暖化現象，造成大範圍的影響，包括加州俄羅斯河（Russian River）沿岸 1998 年 3 月的水患。

全球暖化變成新聞

從十九世紀末開始，由於瑞典的阿瑞尼斯等後繼者的發現，促使一些新聞開始報導燃燒燃料所排放的二氧化碳可能使地球氣候暖化的基本假設。一九一二年一則原本刊登在《大眾機械》上的新聞簡潔扼要地說明了基本知識，後來也被遙遠的澳大利亞報紙轉載：

這個世界火爐現在每年燃燒十八億一千四百萬公噸的煤。煤燃燒的時候會和氧結合，每年增加大約六十三億五千萬公噸的二氧化碳到大氣中。這使得空氣成為一張更有效的毯子，覆蓋地球，提高地球溫度。這樣的效應可能在幾個世紀裡發展成重大到無法忽視的程度。

當然，排放的速度遠遠超過了早期的預測，因為隨著人口成長、交通擴張、工業生產、電力使用，人類對煤炭的需求大幅上升，石油和天然氣的使用也跟著增加。科學界也持續更明確仔細地說明，人類從一九五〇年代末起，對氣候愈來愈大的影響。

一九八八年，由於全球愈來愈擔憂森林砍伐、酸雨，以及某些合成化學物質對臭氧層的破壞，全球暖化不再是少數人關心的新聞，而是躍上了頭條版面。六月二十三日，NASA 氣候科學家詹姆士·韓森（James Hansen，b.1941）告訴美國參議院委員會，人類製造的溫室氣體已經使氣候嚴重暖化。

韓森在多數同儕間率先站了出來，大自然也早就出現了很多線索，包括北美洲的熱浪與黃石國家公園的野火，都是實例。

那個夏天，科學家與外交官聚集在加拿大參加「多倫多大氣變遷會議」，建議全球減少溫室氣體排放量。於是，當年成立了「政府間氣候變遷專門委員會」，由聯合國提供援助，任務是為世界各國提供關於氣候風險與因應措施的建議。

另可參考
- 1896 年〈煤、二氧化碳與氣候〉p.111
- 1965 年〈總統的氣候警告〉p.155
- 2015 年〈從里約到巴黎的氣候外交〉p.191

全球暖化最早成為重大新聞是在 1988 年，當時頭條新聞報導從亞馬遜雨林到美國黃石國家公園（如圖）都記錄到史上高溫，並發生了野火。

電子「精靈」的證據

一九七三年，美國空軍飛行員雷諾·威廉斯（Ronald Williams）在南中國海從某個颱風上方飛越而過。當他接近這個巨大風暴中心附近的雷雨區時，看到了某個像是閃電的東西從雲上直直向上衝。但當他回報自己目擊的現象時，得到的回應是，閃電不會往上——它必須在某個東西上放電。二十世紀，許多在高空值勤的軍隊和民間飛行員都回報過這類現象。

直到一九八九年，一次偶然的目擊才提供了扎實的視覺證據。明尼蘇達大學的物理學家約翰·溫柯勒（John Winckler，1916-2001）在帶領小團隊測試低光源攝影機時，意外拍到了朝上放電的黑白影像。一九九○年代中期，阿拉斯加大學地球物理研究所的戴維斯·桑德曼（Davis Sentman，d.2011）率領一個團隊搭乘 NASA 的飛機，從高空拍攝中西部雷雨，並提議稱其為「精靈」（sprite）。

閃電是具有負電荷的熱能量放電。「精靈」帶有正電荷，顏色比較接近螢光燈泡的冷光。「精靈」的電荷比一般閃電強十倍，可能會造成「精靈」的能量在世界各地出現明顯的反彈。

科學家已經確認了三種「精靈」：「水母精靈」，範圍可達四十八乘四十八公里；「圓柱精靈」，具有大規模的放電；「紅蘿蔔精靈」，帶有電子鬚（electrical tendril）的垂直紅色圓柱。

最戲劇性、最詳細的精靈照片是國際太空站裡的太空人拍到的，有的高度達地球表面上方九十七公里——已經進入離子層了。

另可參考
- 1637 年〈解碼彩虹〉p.43
- 2016 年〈極端的閃電〉p.195

一種難以發現、稱為「精靈」的閃電。這是 2013 年由阿拉斯加大學費爾班克斯分校的研究人員，從一架高空飛行的研究噴射機上拍攝到的照片。

冰與泥中的氣候線索

在二十世紀，從海底泥漿和冰川的冰柱中發現了關鍵證據，證實過去確實存在寒冷的冰河時期和介於中間的溫暖期。微量氧同位素的變化是層狀海底沉積物中的關鍵暗示，能夠反映出不同的溫度。一九七六年，三位科學家針對四十五萬年的海底證據進行指標性分析，題為〈地球軌道的變化：冰河時代的調節器〉（"Variations in the Earth's Orbit: Pacemaker of the Ice Ages"），支持了五十年前米蘭科維奇的發現。

經過證明，來自格陵蘭和南極洲的冰蕊（ice core）是特別珍貴的寶藏，因為古代空氣的氣泡可顯示二氧化碳和甲烷這類溫室氣體過去的濃度，還有火山灰、森林火災產生的煙塵，以及過往環境變化的其他指標。

一九九三年有一項特別重要的發現，當時的科學家分析冰蕊紀錄後，發表證據指出，突如其來的氣候急轉彎已經發生——可能是海洋環流的變化所致。李察・艾利（Richard B. Alley，b.1957）負責帶領格陵蘭研究，他如此描述：

暖化和冷卻有時候會超過改變海洋環流的門檻，以及決定冬季的北大西洋是開闊水域，還是遠低於冰點的海冰。氣候有時會在幾年之中——不是幾十年——在這些狀態間切換，影響遍布全球。我們依舊相當有信心，認為暖化速度還不足以在近期快速融化格陵蘭的冰，引發跳躍性的氣候改變。但是，氣候歷史相當清楚：二氧化碳的上升將對氣候和生物有重大的影響，在通往更溫暖的未來途中，可能會發生更大規模、更具破壞性的事件。

許多風險管理專家都指出，人類不甚了解的突發性氣候變遷證據，正證明了抑制溫室氣體排放的努力是正確的。

另可參考
- 1912 年〈軌道與冰河時期〉p.123
- 1967 年〈成熟的氣候模型〉p.157

數以百計存放古代冰塊的圓柱體都收藏在科羅拉多州雷克塢（Lakewood）的國家冰蕊實驗室（National Ice Core Laboratory）；這些冰塊掌握著氣候的線索。

天災裡的人為因素

二〇〇五年發生了打破紀錄的大西洋颶風季，當中又以造成紐奧良慘重災情的卡崔娜颶風為焦點。在此之後，關於全球暖化如何影響此類暴風雨，以及影響有多大，在氣候科學家間引發了激烈的爭議。颶風也成為環境政治的代表性指標。

然而，所有爭論都忽略了一項令人不安的現實：不論暖化是否存在，未能妥善規劃的沿海社區的快速成長，確實增加了暴風雨的威脅性。二〇〇六年七月二十五日，一群頂尖颶風研究者拋開自身對暖化是否有助於暴風雨形成的殊異觀點，共同向媒體與大眾發表了一份聲明。這份聲明由凱瑞・伊曼紐（Kerry Emanuel）、理查・安西斯（Richard Anthes）、茱蒂絲・柯里（Judith Curry）、詹姆斯・艾爾斯納（James Elsner）、葛瑞格・霍蘭（Greg Holland）、菲爾・克羅茲巴哈（Phil Klotzbach）、湯姆・克努松（Tom Knutson）、克里斯・蘭斯（Chris Landsea）、麥克斯・梅菲德（Max Mayfield），以及彼得・韋伯斯特（Peter Webster）共同簽署，全文聚焦於一個重點：

儘管關於這個問題的爭議是科學和社會關注的焦點，且有重大的利害關係，但依舊無損於美國面臨的主要颶風問題：人口和財富日益集中於脆弱的沿海地區。這些人口趨勢使我們陷入窘境，並導致颶風造成的人員和經濟損失迅速增加；特別是在這類活動更為頻繁的此時此刻，損失更加慘重。早在氣候變遷被嚴肅看待之前，數十名科學家和工程師就已針對紐奧良面臨的威脅提出警告：即使氣候條件穩定，卡崔娜颶風等級的暴風雨，或是更嚴重的暴風，就已經是（現在還是）不可避免的……我們呼籲政府和產業領導人對建築常規、保險、土地使用和救災政策進行全面評估，因為目前這些政策都使得〔人民與社會〕面對颶風時，顯得日益脆弱。

值得一提的是，此一基本訊息也適用於容易發生野火、龍捲風以及內陸洪水的所有社區。二〇一七年八月的哈維颶風（Hurricane Harvery）帶來了破紀錄的降雨，造成休士頓與鄰近區域被大水淹沒，也讓上述呼籲再次復活。

另可參考
- 1900 年〈大風暴〉p.113
- 1931 年〈「中國的哀傷」〉p.127
- 1943 年〈颶風獵人〉p.135

2006 年，十名颶風研究者提出警告：沿海地區的快速開發大幅增加了這類暴風雨造成的風險。左頁是美國國民防衛隊直升機拍攝的畫面，顯示 2012 年珊迪颶風（Hurricane Sandy）橫掃紐澤西社區後的景況。

設計的氣候？

數個世代以來，人類一直努力想修改天氣，無奈成果誇張有餘，效果不足。於是從二十世紀中期開始，有些科學家開始考慮直接影響氣候系統本身──現在普遍稱之為「地球工程」。美國國家科學院在一份二〇一五年的報告中，則選用了「氣候干預」一詞來描述這方面的努力。

各式各樣反制暖化的方式被提了出來，也在同時間引發爭論。如歷史學家弗萊明記載，美國氣象局的研究主任哈利・衛斯勒（Harry Wexler，1911-62）早在一九六二年就提出了警告：「在已提出的此類計畫中，大多數都需要驚人的工程技術，並具有內在風險，將對我們的星球造成不可彌補的傷害或副作用，足以抵銷可能的短期利益。」

這個領域在二〇〇六年受到了更犀利的檢視，當時克魯琛在《氣候變遷》（Climatic Change）期刊發表一篇論文，支持這方面的研究；克魯琛、馬利歐・莫里納（Mario J. Molina）以及雪伍德・羅蘭（F. Sherwood Rowland）因為辨識出威脅臭氧層的化學物質（臭氧層能夠保護地球），在一九九五年共同獲得諾貝爾獎。由於減少氣候暖化氣體排放的呼籲僅僅被視為「不可能實現的願望」，克魯琛深感悲痛之餘，主張加速進行如何冷卻萬物的研究。

針對如何避免不希望發生的暖化，目前有兩個主要研究方向。其一稱為「太陽輻射管理」（solar radiation management，又稱遮光地球工程），重點在於在大氣中增加發亮的粒子，透過阻擋一些照進來的陽光，改變地球的反照率（albedo，也就是反射率），效果近似高海拔地區大型火山與某些空氣汙染造成的煙流。

另一種做法著重的則是從大氣或煙囪的排放物中捕捉二氧化碳，儲存在地底，或是破壞二氧化碳分子，將碳鎖在穩定的物質中。還有另一種方法是用鐵粉為海洋浮游生物施肥，也許就能將碳沉積在海底。這當中牽涉了從技術到倫理到外交等各式各樣的議題。但也許最大的問題是排放量的規模──每年有數百億噸的二氧化碳會被釋放到大氣中。

另可參考

- 1946 年〈造雨人〉p.139
- 1965 年〈總統的氣候警告〉p.155
- 西元 10 萬 2,018 年〈冰河時期的結束？〉p.199

有些科學家提出了一些測試方法，試圖創造出能夠阻擋太陽的薄霧，以抵銷因為大氣中溫室氣體增加所造成的全球暖化。這些是在德國上空的凝結尾（contrail）。

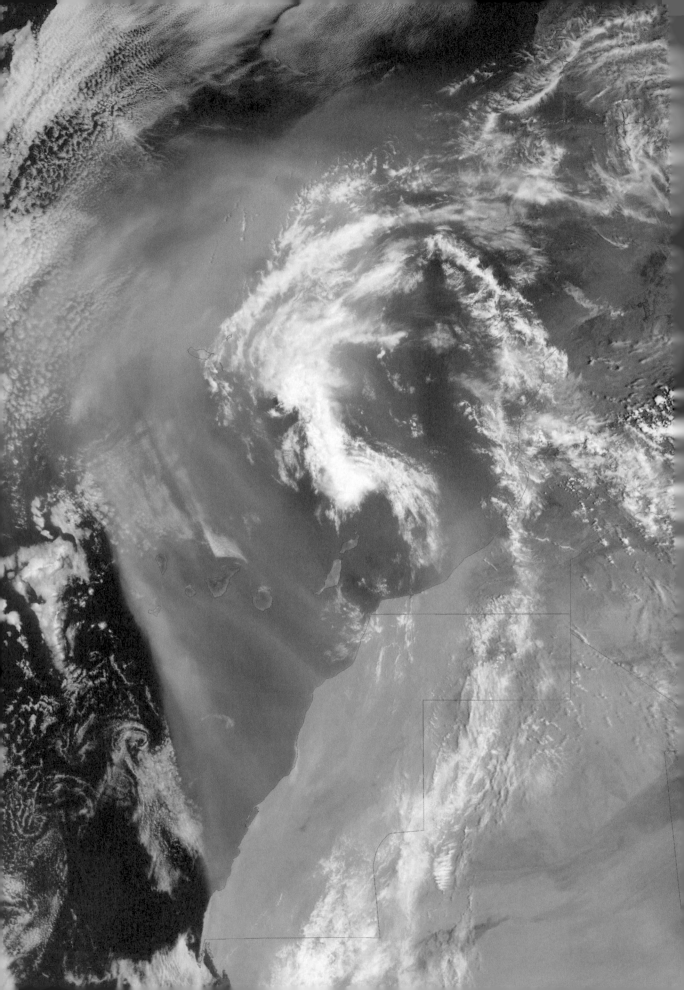

遠距塵埃

關於地球的動態大氣、各種景觀和生態系統之間強大的互相關連性，最顯著的例子恐怕就是撒哈拉沙漠的沙塵暴橫跨整片海洋所造成的影響了，從颶風到巴西森林到巴哈馬群島的海灘，無一倖免。

二十一世紀初的各種研究都顯示，大氣中乾燥、塵土飛揚的撒哈拉空氣層（Sahara Air Layer）具有抑制颶風的能力。也因此，在能夠決定不分季節的熱帶風暴威脅的種種因素中，又增加了一個新的變數。（另一個例子是太平洋的聖嬰現象，這種持續一段時間的高溫會改變大氣循環，因而使大西洋的颶風變弱。）

大約同時，結合了衛星監測與雨林生態學的研究發現，這些營養豐富的撒哈拉塵土也在亞馬遜雨林的豐饒中扮演了一個角色。其中特別值得一提的是以色列魏茨曼科學研究學院（Weizmann Institute of Science）二〇〇六年的研究，科學家推估，北非每年有三千六百三十萬公噸的塵土落在亞馬遜地區，當中超過一半都來自查德北方的單一迎風點——伯德里窪地（Bodélé Depression），這是一座乾涸的古代湖泊，兩側被玄武岩山脈包圍，創造出一個天然的風洞。

但是，來自北非的塵土對於更北的地方卻造成了非常不一樣的影響。二〇一四年，邁阿密大學研究人員研究了兩百七十個取自巴哈馬群島淺水處白色石灰石堤岸的樣本，調查它們的鐵和錳含量。得出的結論是，撒哈拉的塵土為行光合作用的藍綠菌提供養分，使其蓬勃生長，建立了現今這些島嶼下方的地基。

二〇一六年，其他研究者進行巴哈馬群島的土芯鑽探，發現這些肥沃塵土在過去的流動方式和現今大不相同。二萬三千年前，即最後一次冰河期後期，落在巴哈馬群島附近的塵土大約是現在的兩倍。但在一萬一千年前到五千年前，煙流帶來的塵土只有現在的一半。

另可參考

- 西元前 5,300 年〈北非乾旱與法老崛起〉p.27
- 1935 年〈塵暴區〉p.131
- 1986 年〈預測聖嬰〉p.169

2012 年的圖片，顯示來自撒哈拉的塵土往西散播，覆蓋整個大西洋。這種煙流影響的區域遠達亞馬遜雨林。

追蹤海洋的氣候角色

海洋覆蓋了地球三分之二的面積，在塑造全球與區域氣候上扮演著影響深遠的角色；海洋儲存並移動大量的太陽能，是將近九〇％的蒸散源頭，可決定溼度，最終還會形成雲與降雨模式。

儘管如此重要，在過去，海洋卻一直是一片數據沙漠，直到最近才開始有所轉變。進入二十世紀後，隨著全球各地建立並整合了數千個陸地氣象站，以及一系列衛星的發射，大幅改善了我們對天氣與氣候的了解。然而，若想了解關鍵的海洋趨勢，依舊得仰賴來自各地的船隻、碇浮標、潛水艇等大量且不一致的觀察結果，並加以過濾篩選。

不過這一切都在一九九九年改變了，當時科學家說服數十個國家共同投入「電磁波距離量測系統」，簡稱Argo。這套國際共享的系統可追蹤海底溫度、鹽度、洋流等資料，有助於改善全球暖化模型、預測聖嬰與颱風。

二〇〇七年十一月，Argo 開始全面運作。這個網絡由將近四千個分散的自主浮標組成，這些浮標漂浮在八百零五公尺左右的深度，每十天會下降到海中一·九公里深的位置，接著再回到水面，以此蒐集溫度與鹽度的測量結果，再透過衛星傳輸資料。

每年有數百份發表的研究論文都是以 Argo 的數據為本。這套系統做出了許多貢獻，包括在二〇一七年協助釐清氣候暖化並非如一些證據所暗示的那樣，在二〇〇〇年代初意外暫停。儘管政治人物針對全球暖化政策的口水戰有一段時間圍繞著暖化是否暫停或出現空隙，但現在已經普遍視這種類似的變動是地球暖化的過程之中，大氣溫度波動的許多例子之一。

若想了解更多與 Argo 有關的資訊，可參考由斯克里普斯海洋學研究所維護的 argo.ucsd.edu 網站，這套系統背後的許多技術也是該研究所研發的。

另可參考
- 1783 年〈最早升空的氣象球〉p.59
- 1870 年〈氣象學變得有用〉p.91
- 1960 年〈從軌道看天氣〉p.151

阿爾弗鋐（Arvor Iridium）深潛資料蒐集浮標是散布在世界各地海洋中數千個類似裝置的其中之一，負責追蹤 Argo 系統的狀況。

科學探索政治氣候

二十一世紀初期，世界各地加緊致力於限制溫室氣體的排放。在美國，這種努力導致針對此議題的意見呈現兩極化的趨勢，而且愈演愈烈。不過民調也顯示，大部分民眾其實對此漠不關心。因此，心理學家和社會科學家著手檢視，到底是什麼造成這種混合了冷漠與分裂的停頓發展。氣候變遷的本質是累積的改變，由於氣候本來就是多變的，所以這些改變絕大多數時候仍然難以為人所理解，因此相當不符合人類根深柢固的種種特性，其中包括了行為科學家所謂的「憂慮的心力有限」（finite pool of worry）——也就是氣候比不上帳單、小孩和健康問題。

二〇一二年，《自然氣候變遷》（*Nature Climate Change*）期刊登出一份令人大開眼界的研究，由耶魯大學法律與心理學教授丹·卡漢（Dan Kahan）主導，內容描述了一種能夠說明此問題的模式，也就是卡漢所謂的「文化認知」（cultural cognition）：與其接受會和身分起衝突的事實，維持文化聯繫其實是比較理性的做法。這項研究與其後續研究混合使用了問卷調查與實驗，試圖揭露人類的基本科學知識、世界觀——本質上就是測試你是從眾者或孤獨一匹狼——以及對資訊的反應。這些研究顯示，位於關注氣候變遷光譜兩端的人——也就是最擔心與最不擔心的人——對於氣候科學基本知識的了解是最豐富的。

在當年稍晚發表於《自然》的評論中，卡漢舉了以下例子：「有不同價值觀的人，會從相同證據裡得到不同的推論。舉例來說，對他們而言，一位美國國家科學研究院的博士科學家到底是不是真的『專家』，是根據該科學家的意見是否符合他們各自所屬的文化群體的主流觀點來決定的。」

根據卡漢的說法，這些重大的發現並不代表困境。他曾經和政治傾向分裂的團體在容易發生水患又炎熱的佛州東南部一起合作，找出方法推動各種政策，其中包括了增進對極端天氣的恢復力，或是發展各種意識形態均能接受的非汙染性能源。

另可參考

- 1988 年〈全球暖化變成新聞〉p.171
- 2015 年〈從里約到巴黎的氣候外交〉p.191

2009 年哥本哈根氣候條約會議的抗議標語。行為科學家發現，政治立場強烈分化的人可能非常了解氣候科學，卻會對氣候變遷的風險抱持著兩極化的看法。

平息火熱紛爭

二〇一〇年初，《極端天氣：指南暨手簿》（Extreme Weather: A Guide and Record Book）的作者克里斯多福‧伯特（Christopher Burt）收到了一封挑釁的電子郵件，質疑他列出的史上最高溫紀錄——一九二二年九月十三日，於現今利比亞境內的商站埃爾阿齊濟耶（El Azizia）外的義大利要塞，測量到的攝氏五十八度高溫。

埃爾阿齊濟耶的紀錄似乎遙遙把第二高溫的紀錄拋在後頭——一九一三年七月十日，於加州死亡谷格陵蘭農場（Greenland Ranch）測量到的攝氏五十六‧七度。但在那封電子郵件中，氣溫測量權威馬克西米利亞諾‧埃雷拉（Maximiliano Herrera）稱利比亞的紀錄為「垃圾紀錄」。

這引發了更廣泛的討論。伯特聯繫利比亞國家氣象中心氣候部門主任卡利得‧伊博拉尹‧埃爾法德立（Khalid Ibrahim El Fadli）。伯特在新書宣傳期接受訪問時表示：「我問他：『這是你的國家，你們的數據，你相信嗎？』」答案是直接了當的「不」。

埃爾法德立開始找出原本的文件。那個秋天，伯特為「地下天氣」（Weather Underground）網站寫了一篇文章，質疑這項紀錄。世界氣象組織也召集了一個調查小組，成員包括埃爾法德立、伯特等其他專家。接著，種種問題統統浮上檯面，包括當時使用的是需要仔細維護的溫度計，以及埃爾法德立發現一本日誌，顯示在這個遭人質疑的地點測量到遠高於該區其他地點的溫度之前，才剛剛進行過人員調動。

二〇一二年九月，世界氣象組織將最高溫紀錄的保持地點改成一九一三年的死亡谷。但故事還沒結束，因為伯特等人曾經表示，死亡谷的測量結果幾乎也可以肯定是無效的。如伯特所言，測量的一致性之價值，可謂一清二楚。

另外，北非和中東最近的研究清楚顯示，如果溫室氣體導致的暖化繼續下去，過去曾是最高溫紀錄的溫度，到了本世紀晚期，將會愈來愈像是正常溫度。

另可參考

- 1903 年〈乾燥的發現〉p.119
- 1983 年〈地球上最冷的地方〉p.165

加州死亡谷地區但丁之景（Dante's View）的照片。2012 年，世界氣象組織將世界最高溫紀錄從 1922 年的北非改為 1913 年的死亡谷。

極地渦旋

二〇一四年一月七日周二，全美五十個氣象站都測量到了這個日期的史上最低溫紀錄。美國大多數地方，從蒙大拿州到紐約州，南到奧克拉荷馬州和阿拉巴馬州，統統記錄到低於零下的溫度。造成生命威脅的寒風橫掃美國中西部，感覺就像是零下四十度一樣。新聞主播指著天氣圖上大幅波動的噴流曲線，以及代表零下溫度空氣的藍色地帶擴張，情緒激動地宣布著，在北極附近順時鐘旋轉的高海拔風帶——極地渦旋的瓦解，是造成低溫的主要原因。

自此之後，這個詞三不五時會被提起，幾乎是每一次北極天氣大規模往南擴張並影響歐洲或北美洲時，它就會再次出現；這時通常會伴隨著大批暖空氣進入北極地區。然而，極地渦旋並不是新玩意兒，「地下天氣」網站的創始人之一，氣象學家傑夫·麥斯特（Jeff Masters）在那個冬天就已經解釋過，試圖藉此平息如病毒般大量蔓延的可怕新聞頭條。

「這種現象，很可能自地球上有天氣以來就已經存在。」他也指出，這個詞至少早在一九三九年卡爾—古斯塔夫·阿維得·羅斯比（Carl-Gustaf Arvid Rossby，1898-1957）的科學論文中就出現了；羅斯比是出生於瑞典的氣象學先驅，他改變了我們對大氣中大規模循環模式的理解。

一些近期的研究主張，這種突如其來的爆冷，甚至發生極端冬季風暴的模式，很可能和人類導致的氣候變遷有關，近年北極海的海冰縮減可能也在當中扮演了一個角色。

不過，大多數探討北半球天氣模式和氣候變遷的科學家都表示，現在驟下結論還言之過早，因為塑造北極地區和周邊天氣的因素和效應格外複雜，而且利用衛星和其他感應器測量到精確數字的時間，也僅有短短數十年而已。

另可參考
- 1888 年〈白色大颶風〉p.105
- 1911 年〈北美寒潮〉p.121
- 1983 年〈地球上最冷的地方〉p.165

這張由國際太空站拍攝的照片顯示了 2016 年 2 月 14 日強烈冷鋒進入美國東北方的景象。

100% FUTURE

從里約到巴黎的氣候外交

一〇一五年十二月十二日，來自一百九十五個國家的代表在巴黎拍板定案了最早的國際氣候協議，要求幾乎所有國家——不論貧富強弱——誓言採取行動，減少溫室氣體的排放，避免因人類導致的危險暖化。

儘管有雀躍的歡呼與頭條報導，《巴黎協議》帶來的影響卻必然相當有限，因為協議只包括了自願性排放減量步驟，以及富有國家承諾金援貧窮國家，協助他們進行有回復力的發展與乾淨能源計畫。然而，類似行動在二〇一七年六月出現減弱的趨勢，因為美國總統唐諾·川普（Donald J. Trump）誓言美國將退出該協議。不過，退出本身的過程需要數年時間，而川普表現出來的閃躲態度則暗示著有可能會出現重新協商。

說到底，如果僅僅專注於《巴黎協議》——或是任何特定國家或政治人物的決策——並將之視為減緩全球暖化的決定性時刻，其實是忽略了數項重要事實。

其實，《巴黎協議》只是一百九十六個國家接受原本（同樣不具約束力）的全球暖化條約的長途旅程其中一步而已；這趟旅程起於一九九二年，在巴西里約熱內盧舉辦的地球高峰會中，通過了聯合國氣候變遷綱要公約（United Nations Framework Convention on Climate Change），由當時共和黨的喬治·布希總統（George H. W. Bush）簽署，當年稍晚美國參議院也正式批准該條約，並獲得比爾·柯林頓（Bill Clinton）、小布希（George W. Bush）、巴拉克·歐巴馬（Barack Obama）等後續三任總統的支持。

只要說到能源與經濟，外交與政治其實主要是「反映」而非「決定」各國與人民的選擇。煤和石油是二氧化碳排放的主要源頭，而且在未來數十年裡依舊會是全球使用的能源組合。但是，科技的進步開拓了大量新的天然氣礦藏——比較乾淨的能源；科技進步也會使可再生能源的成本下降，並指出在持續的投資與努力下，新的核電廠設計可能是一個信號，代表人類與地球氣候即將改變，形成一種更永續的關係。

另可參考
- 1965 年〈總統的氣候警告〉p.155
- 1988 年〈全球暖化變成新聞〉p.171

2015 年的《巴黎協議》是第一個氣候條約，條約中要求已發展與發展中國家共同誓言減少溫室氣體的排放。

北極海冰縮減

在地球歷史上，北極周邊氣候與冰的狀況已經經歷許多重大的改變。二〇〇四年一項海底鑽探計畫發現，約五千五百萬年前，即全球氣候因大量溫室氣體增加而處於炎熱高峰時，北極海面的溫度是接近熱帶的攝氏二十三‧三度。大約四千九百萬年前，浮萍如毯子般覆蓋了整個北極海域。但是同樣一項研究也發現，海冰看似從一千五百萬年前就覆蓋了整個區域，直到最近才有不同。

當然，情況又再次出現重大的改變。北極海依舊在每一個黑暗、酷寒的北方冬季結冰，但是海冰在最近幾個夏天已經大幅縮減，使得船隻彷彿家常便飯地通過這塊二百年前還無法通行的海域。

從一九七九年開始，衛星便測量到北極有朝向更開放海域發展的趨勢，根據預測，到了本世紀後半葉，大部分的北極海在夏天可能不會再有冰了 —— 不過變數還是很多。

二〇一六年，一項先驅研究檢視了大量古老且散落各處的記載，包括捕鯨船的日誌與舊蘇聯的海冰調查等，以此編寫了一份可追溯到一八五〇年的海冰編年史。作者之一的佛羅倫斯‧費特爾（Florence Fetterer）為他們的發現做了簡潔的摘要：

首先，過去一百五十年裡，海冰從來沒有達到像近年這麼小的範圍。第二，近年海冰縮減的速率同樣是史上前所未見。第三，海冰在數十年內的自然變動，一般都比逐年的變化來得小。

愈來愈多的科學研究指出，北極是因為人為溫室氣體才出現暖化的現象，這項研究等於是又添加了一筆證據。

另可參考

- 1845 年〈北極探險家的冰冷厄運〉p.81
- 1978 年〈南極冰層的海平面威脅〉p.163

2016 年，科學家在篩選大量古老紀錄後發表了研究，確認近年來夏季北極海冰縮減是不尋常的。圖為 1871 年的版畫，描繪在大西洋和白令海峽的捕鯨活動。

極端的閃電

每一秒都有閃電擊中地球某處，這是今日的衛星會固定記錄到的現象，但只有一個地方是地球上的閃電之都。直到最近，非洲的剛果盆地都是這項頭銜的擁有者。但在二〇一六年，NASA 科學家利用以衛星為基礎的儀器，蒐集了十六年間關於閃電的詳細資料並進行分析，結果發現了新的紀錄保持者：委內瑞拉西北部的馬拉開波湖（Lake Maracaibo）。馬拉開波湖是南美洲最大的湖，位在一群狀如馬蹄鐵的山脈南方邊緣，這些山脈會阻擋從加勒比海往北吹來的溫暖潮溼信風。當這些風和來自安地斯山脈的冷空氣相遇，便形成大規模的雷雨雲頂（thunderhead，又稱雷砧）。這種長期的狀況導致此地每年有二百九十七次的夜間雷雨，九月更是高峰。馬拉開波湖的條件非常引人注目，附近甚至有一個營地專門經營閃電觀光。

二〇一〇年，可能是因為一場與聖嬰現象有關的嚴重乾旱，導致馬拉開波湖居然長達數月沒有閃電，當地人為此震驚不已，畢竟這可能是此地一個世紀以來最長的閃電空窗期。但後來就恢復了。

在雨季的高峰期，這裡平均每分鐘會有二十八道閃電。太空總署在阿拉巴馬州亨次維（Huntsville）的馬歇爾太空飛行中心（Marshall Space Flight Center）裡研發並管理的衛星閃電感應器，將提供全球關於閃電強度與頻率的詳細資訊。這些感應器非常靈敏，就算是白天的閃電光芒也不會放過。

馬歇爾中心也參與判斷閃電光芒長度的最高紀錄——二〇〇七年在奧克拉荷馬州的天空出現一道跨越三百二十一公里的閃電。世界氣象組織在二〇一六年宣布這項紀錄，一併宣布的還有二〇一二年於法國南部出現的、時間最長的單一閃電，長達七‧七四秒。

另可參考
- 1752 年〈班傑明‧富蘭克林的避雷針〉p.55
- 1975 年〈揭開危險的下暴流〉p.161
- 1989 年〈電子「精靈」的證據〉p.173

2016 年，NASA 分析衛星影像後，判定委內瑞拉的馬拉開波湖因地理與氣象條件，獲得世界閃電之都的名號。

礁岩之熱

兩億多年來，構成熱帶地區大部分珊瑚礁的動物珊瑚，一直和某種藻類有著互惠的關係。躲在珊瑚蟲組織裡的海藻透過光合作用為珊瑚提供養分，珊瑚的排泄物則為海藻提供養分。科學家發現，有海藻寄宿的珊瑚形成珊瑚礁的速度，最高可達到沒有藻類寄宿的珊瑚的十倍。

但是，當沿岸的海水長期出現不正常高溫，珊瑚便會排斥這些海藻，生物學家稱之為「白化現象」（bleaching event），廣大的珊瑚礁會變成骨頭般的白色。如果這種情況延續太久，就會導致珊瑚的死亡。二〇一四年，接連不斷的聖嬰現象造成太平洋變暖，加上氣候變遷也使海水長期暖化，引發了大範圍的珊瑚白化。但這才是開始而已。二〇一五年到一六年的聖嬰現象，與一九九七年到九八年的太平洋暖化並列現代最強大的聖嬰現象，使得許多區域的白化持續，並且仍在惡化。

二〇一七年，美國國家海洋暨大氣管理局珊瑚礁觀察小組報告，人為全球暖化造成的海洋溫度上升幾乎可確定就是此現象的原因，使其列為史上範圍最大、時間最長的白化。這次事件對於澳大利亞的大堡礁（Great Barrier Reef）以及其最北方的部分造成特別嚴重的傷害。根據科學家表示，這些地方過去從未發生過白化。

海洋生物學家已經強調，珊瑚的恢復力格外強健；舉例來說，珊瑚礁深度較深的部分還是健康的。不過長時間的白化也使人注意到減少其他威脅的重要性，例如農業廢水、未處理的汙水，以及過度捕撈等。各方更密切的對話將有助於在這個世紀與未來維持這些獨特、豐富、多元的生態系統。

另可參考

- 西元前 2 億 5,200 萬年〈致命的熱與「大死亡」〉p.11
- 1988 年〈全球暖化變成新聞〉p.171

2016 年在接近澳大利亞大堡礁最南端的艾宏島（Heron Island）拍攝的珊瑚白化照片。隨著長達三年的全球珊瑚白化在 2017 年結束，科學家表示，這是有史以來範圍最廣也最嚴重的白化事件。

冰河時期的結束？

一九七〇年代，新聞頭條曾經短暫聚焦於毀滅性的氣候變遷將帶來的酷寒前景。一些科學家評估最近全球氣溫的變動後主張，自上次冰河時期結束，並經歷了一萬一千多年的相對溫暖期之後，另一場大規模的冷卻已近在眼前。進一步的研究很快地明確指出，溫度的變化比較像是上下波動，而不是長期下滑的開始。之後的其他研究則顯示，由於人類導致地球的溫室效應，冰河時期可能根本已經完全終止十萬年以上了。在一份二〇〇〇年的論文裡，比利時科學家安得瑞·伯格（André Berger）和瑪莉—法蘭絲·勞特（Marie-France Loutre）計算發現，與冰河時期循環相關的地球軌道與自轉晃動所帶來的冷卻效果，很有可能敵不過溫室氣體造成的暖化。

儘管關於人類在本世紀造成改變的速度和範圍仍有眾多爭辯，不論社會對化石燃料和無二氧化碳能源替代品做出了怎樣的選擇，在上述論文發表後，已有更多的科學研究強調：我們對氣候的影響，必定會造成數萬年的暖化與海平面的上升。（除非某些地球工程有所進展，或是隕石撞上地球。）

海洋學家馬修·方騰·毛里在一八五三年協助組織並發展海洋氣象科學，兩年後出版了一本書，書中的一段話精準說明了與氣候發展出全新關係的意義：

大氣就像一片沒有海岸的海洋……它是取之不盡、用之不竭的彈藥庫，神奇地適應了許多良性的、有利的目的。地球上所有動植物的幸福，靠的都是這臺機器的適當運作；因此，關於它的管理、它的運動，以及它的服務表現，不能只交給機率來決定。

核心挑戰是找到方法，以降低最嚴重結果的發生率，同時滿足人類的能源需求。所以，故事會繼續下去，更多氣象與氣候歷史上的里程碑，即將發生。

另可參考
- 1912 年〈軌道與冰河時期〉p.123
- 1965 年〈總統的氣候警告〉p.155
- 2006 年〈設計的氣候？〉p.179

2004 年格陵蘭巨大冰層西側的影像。科學家的計算已經確定，人類活動長期累積的溫室氣體，在數萬年後的新冰河時期裡，幾乎一定會延遲這些冰層和其他冰層的前進。

客座執筆者

規劃這本書時，我們很早就決定邀請一些有專業知識的朋友和學者為其中某些篇章執筆。一旦我們決定了編年史要從闡明地球大氣和氣候歷史的早期時刻的研究開始，把一些內容交給具有地質學和遙測學學位的**霍華·李**是很合乎邏輯的。他也是《地球的生命：了解地球的故事，氣候和我們的起源的新方法》（*Your Life as Planet Earth: A New Way to Understand the Story of the Earth, Its Climate and Our Origins*，AmazonKindle，2014）的作者。李負責撰寫地球歷史前四十五億三千三百萬年的內容，以及農業興起的篇章，他也是倫敦地質學會院士。想進一步了解他的著作可瀏覽他的網站：ylape.com。

懷俄明大學植物學與生態學榮譽教授**史蒂芬·傑克遜**（Stephen T. Jackson）執筆那篇讚揚丹麥博物學家史汀史翠普的文章。他是美國生態學會（Ecological Society of America）和美國科學促進會（American Association for the Advancement of Science）的成員。傑克遜已完成編輯洪保德兩部基礎作品的翻譯──《論植物地理學》（*Essay on the Geography of Plants*，芝加哥大學出版社，2009 年）和《自然觀點》（*Views of Nature*，芝加哥大學出版社，2014 年）──第三部正在進行中。

為加州大洪水的文章執筆的是**琳恩·英格瑞姆**（B. Lynn Ingram）博士，她是利用地質線索揭示過去氣候和天氣事件的專家，也是加州大學柏克萊分校的退休榮譽教授。英格瑞姆博士與法蘭西斯·瑪拉穆德─羅姆（Frances Malamud-Roam）共同著有《沒有水的西方：過去的洪水、乾旱和其他預示未來的氣候線索》（*The West without Water: What Past Floods, Droughts, and Other Climate Clues Tell Us about Tomorrow*，加州大學出版社，2013 年）一書。

約翰·舒瓦茨（John Schwartz）長期擔任《紐約時報》記者暨作家。他出身德州加耳維斯敦市，為關於該市的〈大風暴〉一文貢獻了一己之力。他在《紐約時報》的文章可見於：nytimes.com/by/john-schwartz。

克爾特·史戴格（Curt Stager）博士以本身具影響力的研究成果，撰寫了非洲的超級乾旱一文。另外，雖然他的田野調查主要關注過去，但是在阿第倫達克（Adirondacks）的保羅史密斯學院（Paul Smith's College）擔任自然科學教授的他也展望未來，著有傑作《深度未來：地球上生命的下一個十萬年》（*Deep Future: The Next 100,000 Years of Life on Earth*，聖馬丁／湯瑪斯·鄧尼，2011 年）。

格雷姆‧史蒂文斯（Graeme L. Stephens）博士執筆撰寫霍華德一文，他目前是美國太空總署位於加州帕沙第納（Pasadena）的噴氣推進實驗室（Jet Propulsion Laboratory）的氣候科學中心主任。

保羅‧威廉斯（Paul D. Williams）博士為李察森的氣候模型前身里程碑一文執筆。威廉斯是雷丁大學（University of Reading）氣象系大氣科學教授暨皇家學會大學院士（Royal Society University Resaerch Fellow）。

參考資料

本書提到的一百個重要時刻與里程碑參考資料如下；同時列出相關客座執筆者的姓名。若需完整名單，請以電子郵件聯繫作者瑞夫金：revkin+weather@gmail.com。

西元前 45 億 6,700 萬年：地球出現大氣層
客座執筆者：霍華．李

Connelly, James N., Martin Bizzarro, Alexander N. Krot, Åke Nordlund, Daniel Wielandt, and Marina A. Ivanova. "The Absolute Chronology and Thermal Processing of Solids in the Solar Protoplanetary Disk." *Science*, Nov 2012. http://bit.ly/2vI0HGI.

Walsh, Kevin J., and Harold F. Levison. *Terrestrial Planet Formation from an Annulus.* The American Astronomical Society. Sept 2016. http://bit.ly/2vcDpXI.

西元前 43 億年：水世界
客座執筆者：霍華．李

Valley, John W., et al. "Hadean age for a post-magma-ocean zircon confirmed by atom-probe tomography." *Nature Geoscience*, Feb 2014. http://go.nature.com/1q92mcM.

Zahnle, Kevin, Norman H. Sleep, et al. "Emergence of a Habitable Planet." *Space Science Reviews*, March 2007.

西元前 29 億年：粉紅色天空與冰
客座執筆者：霍華．李

Dell'Amore, Christine, and Robert Kunzig. "Why Ancient Earth Was So Warm." *National Geographic*, July 2013. http://bit.ly/2uzQR4A.

西元前 27 億年：最早的雨滴生痕化石
客座執筆者：霍華．李

Charnay, B., F. Forget, R. Wordsworth, J. Leconte, E. Millour, F. Codron, and A. Spiga. "Exploring the faint young Sun problem and the possible climates of the Archean Earth with a 3-D GCM." *Journal of Geophysical* Research, 19 Sept 2013 http://bit.ly/2uhMWK8.

Som, Sanjoy M., Roger Buick, James W. Hagadorn, Tim S. Blake, John M. Perreault, Jelte P.

Harnmeijer, and David C. Catling. "Earth's air pressure 2.7 billion years ago constrained to less than half of modern levels." *Nature Geoscience*, 09 May 2016. http://go.nature.com/2vFwQO7.

西元前 24 億年到 4 億 2,300 萬年：通往火焰的冰之路
客座執筆者：霍華．李

Brocks, J. J., A. J. M. Jarrett, E. Sirantoine, F. Kenig, M. Moczydłowska, S. Porter, and J. Hope. "Early sponges and toxic protists: possible sources of Cryostane, an age diagnostic biomarker antedating Sturtian Snowball Earth." *Geobiology*, 28 Oct 2015. http://bit.ly/2vxvFRe.

Cole, Devon B., Christopher T. Reinhard, Xiangli Wang, Bleuenn Gueguen, Galen P. Halverson, Timothy Gibson, Malcolm S.W. Hodgskiss, N. Ryan McKenzie, Timothy W. Lyons, and Noah J. Planavsky. "A shale-hosted Cr isotope record of low atmospheric oxygen during the Proterozoic." *Geology*, 17 May 2016. http://bit.ly/2vFUpqf.

西元前 2 億 5,200 萬年：致命的熱與「大死亡」
客座執筆者：霍華．李

Bond, David P. G., Paul B. Wignall, Michael M. Joachimski, Yadong Sun, Ivan Savov, Stephen E. Grasby, Benoit Beauchamp, and Dierk P. G. Blomeier. "An abrupt extinction in the Middle Permian (Capitanian) of the Boreal Realm (Spitsbergen) and its link to anoxia and acidification." *The Geological Society of America.* 4 March 2015. http://bit.ly/1CLrmL4.

Sun, Yadong, Michael M. Joachimski, Paul B. Wignall, Chunbo Yan, Yanlong Chen, Haishui Jiang, Lina Wang, and Xulong Lai. "Lethally Hot Temperatures During the Early Triassic Greenhouse." *Science*, 19 Oct 2012. http://bit.ly/2vImded.

西元前 6,600 萬年：恐龍的終結，哺乳類的興起
客座執筆者：霍華・李

The Cenozoic Era. University of California Museum of Paleontology. 2008. http://bit.ly/1kLrPpD.

Petersen, Sierra V., Andrea Dutton, and Kyger C. Lohmann. "End-Cretaceous extinction in Antarctica linked to both Deccan volcanism and meteorite impact via climate change." *Nature Communications*. 05 July 2016. http://go.nature.com/2wmRSz3.

西元前 5,600 萬年：狂熱的始新世
客座執筆者：霍華・李

Alley, Richard B. "A heated mirror for future climate." *Science*, 08 Apr 2016. http://bit.ly/1STeLPY.

Harrington, Guy J., and Carlos A. Jaramillo. "Paratropical floral extinction in the Late Palaeocene-Early Eocene." *Journal of the Geological Society*, 23 June 2006. http://bit.ly/2hCMjcx.

西元前 3,400 萬年：冷卻萬物的南極洋
客座執筆者：霍華・李

Lear, Caroline H., and Dan J. Lunt. "How Antarctica got its ice." *Science*. 01 April 2016. http://bit.ly/2vcKdou.

西元前 1,000 萬年：青藏高原的隆起與亞洲雨季

Hu, Xiumian, Eduardo Garzanti, Jiangang Wang, Wentao Huang, and Alex Webb. "The timing of India-Asia collision onset—Facts, theories, controversies." *ScienceDirect*, 29 July 2016. http://bit.ly/2vcEr6e.

Sun, Youbin, Long Ma, Jan Bloemendal, Steven Clemens, Xiaoke Qiang, and Zhisheng An. "Miocene climate change on the Chinese Loess Plateau: Possible links to the growth of the northern Tibetan Plateau and global cooling." *Geochemistry, Geophysics, Geosystems,* July 2015.

西元前 10 萬年：氣候傾向推進人口成長

Irfan, Umair. "Climate Change May Have Spurred Human Evolution." *Scientific American*, 02 Jan 2013. http://bit.ly/2wAWeBI.

Maslina, Mark A., Chris M. Brierley, Alice M.

Milner, Susanne Shultz, Martin H. Trauth, and Katy E. Wilson. "East African climate pulses and early human evolution." Quaternary *Science Reviews*, 12 June 2016. http://bit.ly/2uzfFcO.

deMenocal, Peter B., and Chris Stringer. "Human migration: Climate and the peopling of the world." *Nature*, 21 Sept 2016. http://go.nature.com/2dSJnCM.

西元前 1 萬 5,000 年：超級乾旱
客座執筆者：克爾特・史戴格

Stager, J. Curt, David B. Ryves, Brian M. Chase, and Francesco S. R. Pausata. "Catastrophic Drought in the Afro-Asian Monsoon Region During Heinrich Event 1." *Science*,24 Feb 2011. http://bit.ly/2uz4Mrq.

西元前 9,700 年：肥沃月彎

"Did Climate Change Help Spark The Syrian War? Scientists Link Warming Trend to Record Drought and Later Unrest." The Earth Institute, Columbia University. 02 March 2015. http://bit.ly/2vcZkOQ.

Sharifi, Arash, Peter K. Swart et al. "Abrupt climate variability since the last deglaciation based on a high-resolution, multi-proxy peat record from NW Iran: The hand that rocked the Cradle of Civilization?" *Quaternary Science Reviews,* 01 Sept 2015. http://bit.ly/2vHNYnc.

西元前 5,300 年：北非乾旱與法老崛起

Allen, Susie, and William Harms. "World's oldest weather report could revise Bronze Age chronology." *UChicago News*, 01 April 2014. http://bit.ly/2hDfSKU.

deMenocal, Peter B., and J. E. Tierney. "Green Sahara: African Humid Periods Paced by Earth's Orbital Changes." *Nature Education Knowledge*. http://bit.ly/2vxsKb9.

西元前 5,000 年：農業暖化氣候
客座執筆者：霍華・李

Ruddiman, W. F., et al. "Late Holocene climate: Natural or anthropogenic?" *Reviews of Geophysics*, March 2016. http://bit.ly/2vFMTeS.

Stanley, Sarah. "Early Agriculture Has Kept Earth Warm for Millennia." *Review of Geophysics,* 19

Jan 2016. http://bit.ly/2vxtsp7.

西元前 350 年：亞里斯多德的《天象論》

Aristotle. Meteorologica.Translated by E. W. Webster. *Internet Classic Archives*. http://www. ucmp.berkeley.edu/history/aristotle.html.

西元前 300 年：中國從神話學到氣象學

Doggett, L. E. *Calendars*. NASA Goddard Space Flight Center.

Needham, Joseph. *Science and Civilization in China*. United Kingdom: Cambridge University Press, 2000.

1088 年：沈括寫氣候變遷

Edwards, Steven A., Ph.D. "Shen Kuo, the first Renaissance man?" American Association for the Advancement of Science. 15 March 2012. http:// bit.ly/2uhgYOw.

"The first evidence for climate change." Geological Society of London blog. 03 March 2014. http:// bit.ly/2fmjsIE

1100 年：中世紀的溫暖到小冰河期

Bradley, Raymond S., Heinz Wanner, and Henry F. Diaz. "The Medieval Quiet Period." *The Holocene*, 22 Jan 2016. http://bit.ly/2wmJC23.

Camenisch, Chantal, et al. "The 1430s: a cold period of extraordinary internal climate variability during the early Spörer Minimum with social and economic impacts in northwestern and central Europe." *Climate of the Past*, 01 Dec 2016. http:// bit.ly/2hgnYZx.

1571 年：帆的時代

"Naval history of China." Wikipedia. Accessed June 5, 2017. http://bit.ly/2uzhDdc.

"Winds of Change: Defeat of the Spanish Armada, 1588." *NASA Landsat Science*, 25 May 2017. https://go.nasa.gov/2uyVa03.

1603 年：溫度的發明

Van Helden, Al. "The Thermometer." The Galileo Project. Rice University. 1995. http://bit. ly/2tVRRQa.

Williams, Matt. "What Did Galileo Invent?" *Universe Today*. Nov. 21, 2016. http://bit.

ly/2fm7f6F.

1637 年：解碼彩虹

Butterworth, Jon. "How the rainbow illuminates the enduring mystery of physics." *Aeon*. Jan. 3, 2017. http://bit.ly/2vFVxKd.

Haußmann, Alexander. "Rainbows in nature: recent advances in observation and theory." *European Journal of Physics* 37, no. 6 (August 26, 2016). http://bit.ly/2fcCjRc.

1644 年：大氣的重量

O'Connor, J. J., and E. F. Robertson. "Evangelista Torricelli." Nov 2002. http://bit.ly/2vHSUIO.

Williams, Richard. "October, 1644: Torricelli Demonstrates the Existence of a Vacuum Elegant physics experiment; enduring practical invention." *American Physical Society*, Oct 2012. http://bit.ly/2uhAGJH.

1645 年：無瑕的太陽

Degroot, Dagomar. "What was the Maunder Minimum? New Perspectives on an Old Question." Historicalclimatology.com. 9 June, 2016. http://bit.ly/1XSaxNK.

Meehl, Gerald A., Julie M. Arblaster, and Daniel R. Marsh."Could a future 'Grand Solar Minimum' like the Maunder Minimum stop global warming?" *Geophysical Research Letters: An AGU Journal,* 13 May 2013. http://bit. ly/2hDAtPs.

1714 年：華氏標準化溫度

Chang, Hasok. *Inventing Temperature: Measurement and Scientific Progress*. New York and Oxford: Oxford University Press, 2004.

Radford, Tim. "A Brief History of Thermometers." *The Guardian*, 06 Aug 2003. http://bit. ly/2hCODQT.

"Temperature and Temperature Scales." World of Earth Science. Encyclopedia.com. 04 Jun. 2017. http://www.encyclopedia.com/science/ encyclopediasalmanacs-transcripts-andmaps/ temperature-andtemperature-scales.

1721 年：四弦上的四季

Ortiz, Edward. "Taking the World By Storm?

Weather Inspired Music." *San Francisco Classical Voice*, 30 July 2013. http://bit.ly/1k6vH2T.

St. George, Scott, Daniel Crawford, Todd Reubold, and Elizabeth Giorgi. "Making Climate Data Sing: Using Music-like Sonifications to Convey a Key Climate Record." *American Meteorological Society*. Jan 2017. http://bit.ly/2uikPip.

1735 年：風的地圖

"Meteorology/Edmond Halley, 1656-1742." Princeton University. http://bit.ly/1xcs6cZ.

Persson, Anders O. "Hadley's Principle: Understanding and Misunderstanding the Trade Winds." 2006.

1752 年：班傑明‧富蘭克林的避雷針

"Franklin's Lightning Rod." The Franklin Institute. 2017. http://bit.ly/1TFjJlr.

"The Kite Experiment, 19 October 1752." Founders Online, National Archives, last modified 30 March 2017. http://bit.ly/2s59f7a.

Krider, E. Philip. "Benjamin Franklin and the First Lightning Conductors." *Proceedings of the International Commission on History of Meteorology.* Volume 1 (2004).

1755 年：追風的富蘭克林

Heidorn, Keith C., Ph.D. "Benjamin Franklin: The First American Storm Chaser." *The Weather Doctor,* 1998. http://bit.ly/2wALqDT.

1783 年：最早升空的氣象球

"A Brief History of Upper Air Observations." NOAA National Weather Service. http://bit.ly/2wAWPUj.

Léon Teisserenc de Bort. Encyclopedia Brittanica, Inc. http://bit.ly/2fmfPlZ.

1792 年：農夫曆

Hale, Justin. "Predicting Snow for the Summer of 1816, The Year Without a Summer." *The Old Farmer's Almanac.* http://bit.ly/2vGjFfO.

"History of the Old Farmer's Almanac. The Almanac Editors' Legacies." *The Old Farmer's Almanac.* http://bit.ly/2hBH8cG.

1802 年：盧克‧霍華德為雲取名
客座執筆者：格雷姆‧史蒂文斯

Howard, Luke. *Essay on the Modifications of Clouds.* London: Churchill & Sons, 1803. http://bit.ly/1IAJdpS.

Stephens, Graeme L. "The Useful Pursuit of Shadows." *American Scientist*, Sept 2003.

1802 年：洪保德描繪一顆彼此相連的行星

Von Humboldt, Alexander, and Aimé Bonpland. *Essay on the Geography of Plants,* edited by Stephen L Jackson. Translated by Sylvie Romanowski. Chicago: University of Chicago Press, 2009.

Wulf, Andrea. *The Invention of Nature: Alexander von Humboldt's New World.* New York: Alfred A. Knopf, 2015.

1806 年：蒲福為風力分級

"Beaufort Wind Scale." NOAA. https://www.weather.gov/mfl/beaufort.

"Wind Measurements." Weather for Schools. http://bit.ly/2vIppGJ.

1814 年：倫敦最後一次霜雪博覽會

de Castella, Tom. "Frost fair: When an elephant walked on the frozen River Thames." *BBC News Magazine,* 8 Jan 2014. http://bbc.in/2cxo4o2.

Johnson, Ben. "The Thames Frost Fairs." *Historic U.K.*, 2017. http://bit.ly/1CMxgyj.

1816 年：一場爆發、饑荒與怪物

Buzwell, Greg. "Mary Shelley, Frankenstein and the Villa Diodati." *British Library*, 15 May 2014. http://bit.ly/2myuQk0.

Cavendish, Richard. "The eruption of Mount Tambora." *History Today,* April 2015. http://bit.ly/1r7PfgO.

Evans, Robert. "The eruption of Mount Tambora killed thousands, plunged much of the world into a frightful chill and offers lessons for today." *Smithsonian*, July 2002. http://bit.ly/1sPH2gw.

1818 年：西瓜雪

Edwards, Howell G.M., Luiz F.C. de Oliveira, Charles S. Cockell, J. Cynan Ellis-Evans, and David D. Wynn-Williams. "Raman spectroscopy of senescing snow algae: pigmentation changes in an Antarctic cold desert extremophile." *International Journal of Astrobiology*, April 2004.

Frazer, Jennifer. "Wonderful Things: Don't Eat the Pink Snow." *Scientific American*, 9 July 2013. http://bit.ly/2hBHJuW.

1830 年：人人可用的雨傘

"Samuel Fox, Bradwell's Most Famous Son." The Samuel Fox Country Inn. http://bit.ly/2vcH8ov.

Sangster, William. *Umbrellas and their History*. London: Oxford University Press. Published online by Project Gutenberg. http://bit.ly/2uicET0.

1840 年：揭露冰河時期

Bressan, David. "The discovery of the ruins of ice: The birth of glacier research." *Scientific American*, 03 Jan 2011. http://bit.ly/2gFkR87.

Reebeek, Holli. "Paleoclimatology: Introduction." NASA Earth Observatory. 28 June 2005. https://go.nasa.gov/2uiA0YE.

Summerhayes, C. P. *Earth's Climate Evolution*. Wiley Blackwell, 2015. http://bit.ly/1N5QQId.

1841 年：泥煤沼歷史
客座執筆者：史蒂芬・傑克遜

Jackson, Stephen T., and Dan Charman. "Editorial: Peatlands—paleoenvironments and carbon dynamics." *PAGES News*, April 2010. http://bit.ly/2uzpFmo.

1845 年：北極探險家的冰冷厄運

Revkin, Andrew C. "Where Ice Once Crushed Ships, Open Water Beckons." *The New York Times,* 24 Sept 2016. http://nyti.ms/2fmrhOD.

"Study offers new insights to the Franklin Expedition mystery." University of Glasgow. *University News*, 22 Sept 2016. http://bit.ly/2vFZNcX.

Watson, Paul. Ice Ghosts: *The Epic Hunt for the Lost Franklin Expedition*. New York: W. W. Norton & Company, 2017.

1856 年：科學家發現溫室氣體

Darby, Megan. "Meet the woman who first identified the greenhouse effect." *Climate Home*, 09 Feb 2016. http://bit.ly/2c5Bqsb.

Wogan, David. "Why we know about the greenhouse gas effect." *Scientific American,* 16 May 2013. http://bit.ly/2veIuxb.

1859 年：宇宙天氣來到地球

Moore, Nicole Casal. "Solar storms: Regional forecasts set to begin." University of Michigan. *Michigan News*, 28 Sept 2016. http://bit.ly/2uiIxuQ.

Orwig, Jessica. "The White House is prepping for a single weather event that could cost $2 trillion in damage." *Business Insider,* 06 Nov 2015. http://read.bi/1NhjPs6.

Philips, Dr. Tony. "Near Miss: The Solar Superstorm of July 2012." NASA. 23 July 2014. https://go.nasa.gov/2wmF7EJ.

1861 年：最早的氣象預報

Corfidi, Stephen. "A Brief History of the Storm Prediction Center." NOAA. 12 Feb 2010. http://www.spc.noaa.gov/history/early.html.

"Robert FitzRoy and the Daily Weather Reports." Met Office. Last updated 4 May 2016. http://bit.ly/2hCu3zT.

1862 年：加州大洪水
客座執筆者：琳恩・英格瑞姆

Ingram, B. Lynn. "California Megaflood: Lessons from a Forgotten Catastrophe." *Scientific American*, 01 Jan 2013. http://bit.ly/2jk7lMI.

1870 年：氣象學變得有用

"History of The National Weather Service." NOAA National Weather Service. http://www.weather.gov/timeline.

"WFO Juneau's and National Weather Service History." NOAA National Weather Service. weather.gov/ajk/OurOffice-History.

1871 年：中西部風暴型大火

"1871 Massive fire burns in Wisconsin." *History*, 2009. http://bit.ly/2veA0WX.

Pernin, Peter. "The great Peshtigo fire: an eyewitness account." Madison: State Historical Society of Wisconsin, 1971. http://bit.ly/2vcBnXU.

"The Peshtigo Fire." NOAA National Weather Service. https://www. weather.gov/grb/ peshtigofire.

1880 年：「雪花」賓利
Blanchard, Duncan C. "The Snowflake Man." *Weatherwise*, 1970. http://snowflakebentley.com/ sfman.htm.

"Wilson A. Bentley: Pioneering Photographer of Snowflakes." Smithsonian Institution Archives. http://s.si.edu/2vG0Cm3.

1882 年：整合北極科學
"History of the Previous Polar Years." *Internationales Polarjahr,* 2006. http://bit. ly/2uzHL7N.

Revkin, Andrew. *The North Pole Was Here: Puzzles and Perils at the Top of the World.* Boston: Kingfisher, 2006.

1884 年：最早的龍捲風照片
Potter, Sean. "Retrospect: April 26, 1884: Earliest Known Tornado Photograph." *WeatherWise,* March-April 2010. http://bit.ly/2uhFzTi.

Snow, John T. "Early Tornado Photographs." *Journal of the American Meteorological Society,* April 1984. http://bit.ly/2vFYkU0.

1886 年：土撥鼠日
"About Groundhog Day." Website of the Punxsutawney Groundhog Club. http://bit. ly/1tsVlsf.

"Groundhog Day." NOAA National Centers for Environmental Information. http://bit.ly/ 1KgpLX2.

Wordle, Lisa. "How often is Punxsutawney Phil right? Analysis of Groundhog Day predictions since 1898." PennLive website. 30 Jan 2017. http://bit.ly/2k2VSRg.

1887 年：使風工作
"History of Wind Energy." Wind Energy Foundation. 2016.

Price, Trevor J. "Britain's First Modern Wind Power Pioneer." *Wind Engineering Journal,* 01 May 2005.

1888 年：白色大颶風
"Major Winter Storms." NOAA National Weather Service. http://www.weather.gov/aly/ MajorWinterStorms.

1888 年：致命雹暴
"Highest Mortality Due to Hail." World Meteorological Organization's World Weather & Climate Extremes Archive. 2017. http://bit. ly/2vI7bp0.

"Roopkund Lake's skeleton mystery solved! Scientists reveal bones belong to 9th century people who died during heavy hail storm." India Today, 31 May 2013. http://bit.ly/2vxcaZ0.

1896 年：最早的國際雲圖集
"International Cloud Atlas Manual on the Observation of Clouds and Other Meteors." World Meteorological Organization website. https://www.wmocloudatlas.org/.

MacLellan, Lila. "Amateur cloud-spotters lobbied to add this beautiful new cloud to the International Cloud Atlas." *Quartz*, March 2017. http://bit. ly/2mCus7A.

1896 年：煤、二氧化碳與氣候
Fleming, James Rodgers. *Historical Perspectives on Climate Change.* New York: Oxford University Press, 1998.

Weart, Spencer R. *The Discovery of Global Warming.* Boston: Harvard University Press, 2008. http://history.aip.org/climate/.

1900 年：大風暴
The 1900 Storm. Published in conjunction with the City of Galveston 1900 Storm Committee. 2014 Galveston Newspapers Inc. All rights reserved. http://www.1900storm.com/.

1902 年：「製造天氣」
Buchanan, Matt. "An Apparatus for Treating Air: The Modern Air Conditioner." *The New Yorker,* 05 June 2013. http://bit.ly/2vcKqYy.

"History of Air Conditioning." Department of Energy. 20 July 2015. https://energy.gov/articles/ history-air-conditioning.

"The Invention that Changed the World." Willis

Carrier website. http://www.williscarrier.
com/1876-1902.php.

1903 年：雨刷

Anderson, Mary. *U.S. Patent No. 743,801: Window-
cleaning device.* U.S. Patent and Trademark
Office. 18 June 1903. https://www.google.com/
patents/US743801.

Slater, Dashka. "Who Made That Windshield
Wiper?" *The New York Times Magazine,* 12 Sept
2014.

1903 年：乾燥的發現

Bortman, Henry. "A Tale of Two Deserts."
Astrobiology Magazine, 18 April 2011. http://bit.
ly/2uzjlvk.

Khan, Alia. "Exploring the Dry Valleys, Then and
Now." *The New York Times*, 21 Dec 2011. http://
nyti.ms/2uhjhkw.

1911 年：北美寒潮

Samenow, Jason. "Wild rides: the 11/11/11 Great
Blue Norther and the largest wave ever surfed."
The Washington Post, 11 Nov 2011.

University Of Missouri staff. "MU Scientists Detail
Cause of 1911 Storm." KOMU. 07 Nov 2011.
http://bit.ly/2wn4LZY.

1912 年：軌道與冰河時期

Croll, James. *Climate and time in their geological
relations; a theory of secular changes of the
earth's climate.* New York: D. Appleton, 1875.
http://bit.ly/2uzamKu.

Weart, Spencer R. "Past Climate Cycles: Ice Age
Speculations." *The Discovery of Global Warming*,
updated Jan 2017. https://history.aip.org/climate/
cycles.htm.

1922 年：「預報工廠」
客座執筆者：保羅・威廉斯

Lynch, Peter. "The origins of computer weather
prediction and climate modeling." *Journal of
Computational Physics*, 20 March 2008.

Richardson, Lewis Fry. *Weather prediction by
numerical process.* Cambridge, MA: Cambridge
University Press, 1922.

1931 年：「中國的哀傷」

Chen, Yunzhen, James P. M. Syvitski, Shu
Gao, Irina Overeem, and Albert J. Kettner.
"Socioeconomic Impacts on Flooding: A 4000-
Year History of the Yellow River." *China Ambio*,
Nov 2012. http://bit.ly/2icuxgl.

Hudec, Kate. "Dealing with the Deluge." NOVA, 26
March 1996. http://to.pbs.org/2vG9E2d.

Wang, Shuai, Bojie Fu, Shilong Piao, Yihe Lü,
Philippe Ciais, Xiaoming Feng, and Yafeng
Wang. "Reduced sediment transport in the Yellow
River due to anthropogenic changes." *Nature
Geoscience,* 30 Nov 2015. http://go.nature.
com/2flWtgY.

1934 年：最快的風速

"World: Maximum Surface Wind Gust." World
Meteorological Organization's World Weather &
Climate Extremes Archive. http://bit.ly/2vIdwRg.

"World Record Wind." Mt. Washington
Observatory. http://bit.ly/1AbMVoC.

1935 年：塵暴區

"The Black Sunday Dust Storm of April 14, 1935."
NOAA National Weather Service. http://bit.
ly/2vHKKAl.

Cook, Ben, Ron Miller, and Richard Seager.
"Did dust storms make the Dust Bowl drought
worse?" The Trustees of Columbia University
in the City of New York, Lamont-Doherty Earth
Observatory. 2011.

1941 年：俄羅斯的「冬將軍」

*Hitler's Table Talk, 1941-1944: His Private
Conversations.* Translated by Norman Cameron
and R. H. Stevens. New York: Enigma Books,
2008.

Roberts, Andrew. *The Storm of War.* United
Kingdom: Telegraph Books. 6 Aug 2009.

1943 年：颶風獵人

Fincher, Lew, and Bill Read. "The 1943 surprise
hurricane." NOAA History. April 2017. http://bit.
ly/1D48iOc.

"Frequently asked Questions. " The Hurricane
Hunters Association. http://www.
hurricanehunters.com/faq.htm.

"The Lost Hurricane/Typhoon Hunters: In Memoriam." Weather Wunderground, April 2017. http://bit.ly/2uhJwr1.

1944 年：噴流成為武器

Hornyak, Tim. "Winds of war: Japan's balloon bombs took the Pacific battle to American soil." *Japan Times*, 25 July 2015.

Lewis, John M. "O̅ishi's Observation Viewed in the Context of Jet Stream Discovery." *Bulletin of the American Meteorological Society.* March 2003. http://bit.ly/2uihfEW.

1946 年：造雨人

Fleming, James Rodger. *Fixing the Sky: The Checkered History of Weather and Climate Control.* New York: Columbia University Press, 2010.

Moseman, Andrew. "Does cloud seeding work? China takes credit for the storms now bringing a reprieve from severe drought, but is that claim valid?" *Scientific American*, 19 Feb 2009. http://bit.ly/2uiOfNc.

1950 年：最早的電腦預報

"Electronic Computer Project." Institute for Advanced Study. 2017. https://www.ias.edu/electronic-computer-project.

Lynch, Peter. "The Origins of Computer weather Prediction and Climate Modeling." *Journal Of Computational Physics,* 19 March 2007. http://bit.ly/2vI8zba.

1950 年：龍捲風警告進展

Angel, Jim. "60th Anniversary of the First Tornado Detected by Radar." *Illinois State Climatologist*, 09 April 2013. http://bit.ly/2wmDBCp.

Smith, Mike. *Warnings: The True Story of How Science Tamed the Weather*. Greenleaf Book Group, 2010.

1952 年：倫敦大霧霾

"The Great Smog of 1952." Met Office web page. 20 April 2015. http://bit.ly/1OVCbTO.

1953 年：北海洪水

Weesjes, Elke. "The 1953 North Sea Flood in the Netherlands, Impact and Aftermath." *Natural Hazards Observer*, 28 Sept 2015. http://bit.ly/2vGlQzU.

1958 年：二氧化碳的上升曲線

"The Keeling Curve." Scripps Institution of Oceanography. https://scripps.ucsd.edu/programs/keelingcurve/.

Weart, Spencer. *The Discovery of Global Warming*. Boston: Harvard University Press, 2008.

1960 年：從軌道看天氣

Alfred, Randy. "April 1, 1960: First Weather Satellite Launched." *Science*, 04 Jan 2008. http://bit.ly/2fmMwQr.

"NOAA's GOES-16 satellite sends first images of Earth; Higherresolution details will lead to more accurate forecasts." NOAA. 23 Jan 2017. http://bit.ly/2jQhzUD.

1960 年：混沌與氣候

Dizikes, Peter. "When the Butterfly Effect Took Flight." *MIT Technology Review,* 22 Feb 2011. http://bit.ly/2tOmXdM.

Fleming, James Rodger. *Inventing Atmospheric Science*. Cambridge, MA: MIT Press, 2016.

Gleick, James. *Chaos: Making a New Science*. New York: Viking, 1987.

Lorenz, Edward N., Sc.D. "Does the Flap of a Butterfly's wings in Brazil set off a Tornado in Texas?" American Association for the Advancement of Science, 139th meeting. 29 March 1972. http://bit.ly/1eUrMno.

1965 年：總統的氣候警告

Johnson, Lyndon Baines. "Special Message to Congress on Conservation and Restoration of Natural Beauty." 08 Feb 1965. http://bit.ly/2k3XrzX.

Lavelle, Marianne. "A 50th anniversary few remember: LBJ's warning on carbon dioxide." *The Daily Climate*, 02 Feb 2015. http://bit.ly/1uQSeFX.

1967 年：成熟的氣候模型

Pidcock, Roz. "The most influential climate change papers of all time." *Carbon Brief,* 06 July 2015.

http://bit.ly/2qnb8wG.

"Validating Climate Models." National Academy of Sciences. 2012. http://bit.ly/2vxq3Gs.

1973 年：追風獲得科學支持

Czuchnicki, Cammie. "History of Storm Chasing." Royal Meteorological Society. http://bit.ly/2wB2XMf.

Golden, Joseph H., and Daniel Purcell. "Life Cycle of the Union City, Oklahoma Tornado and Comparison with Waterspouts." *Monthly Weather Review,* Jan 1978.

1975 年：揭開危險的下暴流

Fujita, T. Theodore. "Tornadoes and Downbursts in the Context of Generalized Planetary Scales." *Journal of Atmospheric Sciences,* Aug 1981. http://bit.ly/2wmZSjs.

Henson, Bob. "Tornadoes, Microbursts, and Silver Linings: How the Jumbo Outbreak of 1974 helped lead to safer air travel." *AtmosNews,* 01 April 2014. http://bit.ly/2wAYg53.

1978 年：南極冰層的海平面威脅

Mercer, J. H. "West Antarctic ice sheet and CO2 greenhouse effect: a threat of disaster." *Nature,* 26 Jan 1978. http://go.nature.com/2fmNonY.

1983 年：地球上最冷的地方

Woo, Marcus. "New Record for Coldest Place on Earth, in Antarctica." *National Geographic Magazine,* 11 Dec 2013. http://bit.ly/2wmRRv3.

1983 年：核子冬季

Revkin, Andrew. "Hard Facts About Nuclear Winter." *Science Digest,* March 1985. j.mp/nuclearwinter85.

Turco, R. P., O. B. Toon, T. P. Ackerman, J. B. Pollack, and Carl Sagan. "Nuclear Winter: Global Consequences of Multiple Nuclear Explosions." *Science,* 23 Dec 1983. http://bit.ly/2vIiddS.

1986 年：預測聖嬰

Krajick, Kevin. "Mark Cane, George Philander, Win 2017 Vetlesen Prize." Center for Climate and Life, Columbia University. 26 Jan 2017.

McPhaden, Michael. "Predicting El Niño Then

and Now." NOAA. 03 April 2015. http://bit.ly/2hBXulA.

1988 年：全球暖化變成新聞

Revkin, Andrew. "Endless Summer: Living with the Greenhouse Effect." *Discover,* Oct 1988. j.mp/greenhouse88.

1989 年：電子「精靈」的證據

Fecht, Sarah. "What Is a Red Sprite? Ghost? Alien? Carbonated beverage?" *Popular Science,* 25 Aug 2015. http://www.popsci.com/whatred-sprite.

Rozell, Ned. "Alaska scientist leaves colorful legacy." University of Alaska, Fairbanks, Geophysical Institute. 01 Feb 2012. http://bit.ly/2uzidYE.

1993 年：冰與泥中的氣候線索

Alley, Richard B. *The Two-Mile Time Machine: Ice Cores, Abrupt Climate Change, and Our Future.* Princeton, NJ: Princeton University Press, updated 2014.

Riebeek, Holli. "Paleoclimatology: The Ice Core Revealed." NASA Earth Observatory. 19 Dec 2005. https://go.nasa.gov/2hDO758.

2006 年：天災裡的人為因素

Emanuel, Kerry, et al. "Statement on the U.S. Hurricane Problem." Website of Professor Kerry Emanuel, MIT. 25 July 2006. http://bit.ly/2uzDq4r.

Revkin, Andrew C. "Climate Experts Warn of More Coastal Building." *The New York Times,* 25 July 2006.

2006 年：設計的氣候？

Fleming, James Rodger. *Fixing the Sky: The Checkered History of Weather and Climate Control.* New York: Columbia University Press, 2010.

Temple, James. "Harvard Scientists Moving Ahead on Plans for Atmospheric Geoengineering Experiments." *MIT Technology Review,* 24 March 2017. http://bit.ly/2wAXkxJ.

2006 年：遠距塵埃

Dunion, Jason P., and Christopher S. Velden.

"The Impact of the Saharan Air Layer on Atlantic Tropical Cyclone Activity." American Meteorological Society. *Journals Online*, 01 March 2004. http://bit.ly/2veKF3S.

Kaplan, Sarah. "How dust from the Sahara fuels poisonous bacteria blooms in the Caribbean." *The Washington Post*, 11 May 2016. http://wapo.st/2fnsxAP.

2007 年：追蹤海洋的氣候角色

The Argo Project. University of California, San Diego. http://www.argo.ucsd.edu/.

Evolution of Physical Oceanography. Edited by Bruce A. Warren and Carl Wunsch. Cambridge, MA: MIT Press, 1981.

2012 年：科學探索政治氣候

Kahan, Dan M., Ellen Peters, Maggie Wittlin, Paul Slovic, Lisa Larrimore Ouellette, Donald Braman, and Gregory Mandel. "The polarizing impact of science literacy and numeracy on perceived climate change risks." *Nature Climate Change,* 27 May 2012.

2012 年：平息火熱紛爭

El Fadli, Khalid I., Randall S. Cerveny, Christopher C. Burt, Philip Eden, David Parker, Manola Brunet, Thomas C. Peterson, Gianpaolo Mordacchini, Vinicio Pelino, Pierre Bessemoulin, José Luis Stella, Fatima Driouech, M. M Abdel Wahab, and Matthew B. Pace. "World Meteorological Organization Assessment of the Purported World Record 58°C Temperature Extreme at El Azizia, Libya (13 September 1922)." American Meteorological Society. Feb 2013.

Samenow, Jason. "Two Middle East locations hit 129 degrees, hottest ever in Eastern Hemisphere, maybe the world." *The Washington Post*, 22 July 2016. http://wapo.st/2wBbNJE.

2014 年：極地渦旋

Kennedy, Caitlyn. "Wobbly polar vortex triggers extreme cold air outbreak." NOAA. 8 Jan 2014. http://bit.ly/2vHXff3.

Wiltgen, Nick. "Deep Freeze Recap: Coldest Temperatures of the Century for Some." Weather.com. Accessed 10 Jan 2014. http://wxch.nl/2wmXbyr.

2015 年：從里約到巴黎的氣候外交

Revkin, Andrew C. "The Climate Path Ahead." *The New York Times, Sunday Review,* 12 Dec 2015. http://nyti.ms/2vxNmQJ.

2016 年：北極海冰縮減

Fetterer, Florence. "Piecing together the Arctic's sea ice history back to 1850." *Carbon Brief*, 11 Aug 2016. http://bit.ly/2byE5fC.

2016 年：極端的閃電

Lang, Timothy J., Stéphane Pédeboy, William Rison, Randall S. Cerveny, Joan Montanyà, Serge Chauzy, Donald R. MacGorman, Ronald L. Holle, Eldo E. Ávila, Yijun Zhang, Gregory Carbin, Edward R. Mansell, Yuriy Kuleshov, Thomas C. Peterson, Manola Brunet, Fatima Driouech, and Daniel S. Krahenbuhl. "WMO World Record Lightning Extremes: Longest Reported Flash Distance and Longest Reported Flash Duration." American Meteorological Society. June 2017. http://bit.ly/2cPQQpz.

2017 年：礁岩之熱

"Climate Change Threatens the Survival of Coral Reefs." ISRS Consensus Statement on Climate Change and Coral Bleaching. Oct 2015. http://bit.ly/1MGCoWh.

NOA Satellite and Information Service. Coral Reef Watch. https://coralreefwatch.noaa.gov.

西元 10 萬 2,018 年：冰河時期的結束？

Archer, David. *The Long Thaw: How Humans Are Changing the Next 100,000 Years of Earth's Climate*. Princeton, NJ: Princeton University Press, 2008.

Loutre, M. F., and A. Berger. "Future climatic changes: are we entering an exceptionally long interglacial?" *Climatic Change*, July 2000.

圖片出處

- **AKG**：© Pictures From History：第 34 頁
- **Arvor**：Olivier Dugornay at IFREMER：第 182 頁
- **Alamy**：Art Collection 3：第 50 頁；ClassicStock：第 114 頁；Design Pics Inc：第 30 頁；dpa picture alliance archive：第 80 頁；Everett Collection Historical：第 24 頁；Bob Gibbons：第 72 頁；NASA Photo：第 188 頁；Pictorial Press Ltd：第 110 頁；The Print Collector：第 44 頁；World History Archive：第 56 頁、第 82 頁
- **© Prof. Dr. Wladyslaw Altermann**：第 6 頁
- **Bridgeman Art Library**：63；Photo © Christie's Images：第 48 頁
- **© Stephen Conlin 1986**：第 124 頁
- **FEMA**：George Armstrong：第 142 頁；Dave Gatley：第 168 頁
- **Flickr**：Jason Ahrns：第 172 頁；Yann Caradec：第 190 頁
- **© JerryFergusonPhotography.com/ Chopperguy Photographer Jerry Ferguson and Pilot Andrew Park**：第 160 頁
- **Getty Images**：© Adrian Dennis/APF：第 184 頁；© Bettmann：第 92 頁、第 100 頁、第 104 頁、第 146 頁；© DeAgostini：第 86 頁；© Monty Fresco：第 144 頁；© Herbert Gehr/The LIFE Picture Collection：第 138 頁
- **Internet Archive**：第 76 頁
- **iStock**：© Hailshadow：第 18 頁；© phototropic：第 28 頁；© w-ings：第 78 頁
- **Kansas State Historical Society**：第 98 頁
- **Alan Kennedy/University of Bristol**：第 16 頁
- **Hansueli Krapf**：第 170 頁
- **LBJ Library**：Frank Wolfe：第 154 頁
- **© Howard Lee**：第 2 頁
- **Library of Congress**：第 112 頁、第 192 頁
- **Metropolitan Museum of Art**：第 32 頁、第 94 頁
- **© 1997 Christopher J. Morris**：第 128 頁
- **NASA**：第 22 頁、第 122 頁、第 152 頁、第 164 頁、第 166 頁、第 180 頁；Goddard/SORCE：第 46 頁；JPL-Caltech：xii；Jim Yungel：第 162 頁
- **National Ice Core Lab**：Made available by Eric Cravens, Assistant Curator：第 174 頁
- **National Museum of the US Navy**：第 136 頁
- **National Science Foundation**：第 118 頁；Nicolle Rager Fuller：第 156 頁
- **NOAA**：130；US Department of Commerce：第 58 頁、第 158 頁
- **The Ocean Agency**：© Richard Vevers/XL Catlin Seaview Survey：第 196 頁
- **PNAS**：from Vol 112, no. 41, "Strong upslope shifts in Chimborazo's vegetation over two centuries since Humboldt" by Naia Morueta-Holme, Kristine Engemann, Pablo Sandoval-Acuña, Jeremy D. Jonas, R. Max Segnitz, and Jens-Christian Svenning：第 64 頁
- **Princeton University Library**：第 52 頁
- **Private Collection**：第 120 頁、第 134 頁
- **Science Source**：第 150 頁；© Chris Butler：第 8 頁；© Henning Dalhoff：第 4 頁；© Tom McHugh：第 14 頁；© Detlev van Ravenswaay：第 12 頁
- **Courtesy Andrew Revkin**：第 66 頁、第 198 頁
- **David Rumsey Historical Map Collection**：第 90 頁
- **Scripps Institution of Oceanography at UC San Diego**：第 148 頁
- **Shutterstock.com**：Jim Cole/AP/REX：第 60 頁
- **Smithsonian American Art Museum**：第 84 頁
- **South Carolina Army National Guard**：SC-HART：ix 頁

- **US Air Force**：Master Sgt. Mark Olsen：第 176 頁
- **US Army**：第 140 頁
- **USGS**：第 10 頁
- **USPTO**：第 116 頁
- **© Sandro Vannini**：第 26 頁
- **Wellcome Library, London**：第 40 頁
- **The Western Reserve Historical Society**：第 102 頁
- **Courtesy Wikimedia Foundation**：第 30 頁、第 38 頁、第 132 頁；Ashokyadav739：第 106 頁；Bertie79：第 178 頁；Fine Arts Museums of San Francisco：第 42 頁；Fernando Flores from Caracas, Venezuela：第 194 頁；IPY scientific community：第 96 頁；Jtrombone：第 108 頁；Leruswing：第 126 頁；Louvre：第 70 頁；Wolfgang Moroder：第 186 頁；National Gallery：第 74 頁；National Museum of Western Art：第 36 頁；Philadelphia Museum of Art：第 54 頁；UC Berkeley, Bancroft Library：第 88 頁
- **Yale Center for British Art**：第 68 頁

中英對照與索引

人名

216

機構或組織

人文科學系列 065

天氣之書：100 個氣象的科學趣聞與關鍵歷史
Weather: An Illustrated History: From Cloud Atlases to Climate Change

作　　者 — 安德魯‧瑞夫金（Andrew Revkin）、麗莎‧麥肯利（Lisa Mechaley）
譯　　者 — 鍾沛君
主　　編 — 邱憶伶
責任編輯 — 陳詠瑜
封面設計 — 李莉君
內頁設計 — 張靜怡

編輯顧問 — 李采洪
董 事 長 — 趙政岷
出 版 者 — 時報文化出版企業股份有限公司
　　　　　　108019 臺北市和平西路三段 240 號 3 樓
　　　　　　發行專線 — (02) 2306-6842
　　　　　　讀者服務專線 — 0800-231-705‧(02) 2304-7103
　　　　　　讀者服務傳真 — (02) 2304-6858
　　　　　　郵撥 — 19344724 時報文化出版公司
　　　　　　信箱 — 10899 臺北華江橋郵局第 99 信箱
時報悅讀網 — http://www.readingtimes.com.tw
電子郵件信箱 — newstudy@readingtimes.com.tw
時報出版愛讀者粉絲團 — https://www.facebook.com/readingtimes.2

法律顧問 — 理律法律事務所　陳長文律師、李念祖律師
印　　刷 — 和楹印刷有限公司
初版一刷 — 2018 年 10 月 5 日
初版三刷 — 2021 年 10 月 4 日
定　　價 — 新臺幣 580 元
（缺頁或破損的書，請寄回更換）

時報文化出版公司成立於 1975 年，
1999 年股票上櫃公開發行，2008 年脫離中時集團非屬旺中，
以「尊重智慧與創意的文化事業」為信念。

天氣之書：100 個氣象的科學趣聞與關鍵歷史／安德魯‧
瑞夫金 (Andrew Revkin)，麗莎‧麥肯利 (Lisa Mechaley)
著；鍾沛君譯 . -- 初版 . -- 臺北市：時報文化，2018.10
240 面；19×26 公分 . --（人文科學系列；65）
譯自：Weather: an illustrated history:
　　　from cloud atlases to climate change

ISBN 978-957-13-7534-2（平裝）

1. 氣候學　2. 天氣

328.8　　　　　　　　　　　　　　　107014619

ISBN 978-957-13-7534-2
Printed in Taiwan